L'Original de ces Elemens de Chimie
a été imp.é d'abord à Leyde en
1731. ensuite Cavelier en a donné
une Ed.on à Paris en 1733. qui est la
meilleure. Depuis on l'a réimp.é
tant en allemagne qu'ailleurs ou
on a fait une Ed.on complette des
Oeuvres de Boerhaave.

Cette Traduction est bonne; La
Metrie en étoit Capable. Voyéz
l'Eloge qu'a fait le Roy de Prusse
d'cet auteur dans les memoires
de l'Academie de Berlin. /

Cette traduction est du S.r allamand quant à
la partie théorique imprimée en hollande
en 1752. en 2. Vol, in 8.vo il n'y a que des   ici
opérations en abrégé de la meilleure, tirées
de carthieser. L'éditeur de ces 6 volumes
étoit si ignorant qu'il dit pag. 48 du 6.e
volume que Boerhaave n'a point donné
d'opérations.

Lelarts 3727.

2b6

ÉLÉMENS

DE

CHYMIE.

PAR

HERMAN BOERHAAVE.

Traduit du Latin.

TOME PREMIER.

A PARIS, Quai des Augustins.

Chez GUILLYN, au Lys d'Or.

M. DCC. LIV.

Avec Approbation & Privilége du Roi.

DEDICACE

De l'Auteur à son frere JACQUES
BOERHAAVE.

OBLIGE' de publier ce
Livre, que je vous dé-
die, j'ai dû revoir &
examiner ne nouveau,
à préfent que je fuis dans un
âge avancé, un Ouvrage que
j'ai fait dans ma jeuneffe. Cette
occupation m'a fait réfléchir
quelquefois avec furprife fur le
nombre des Opérations qui y
font décrites, & fur les dangers où elles expofent fouvent
ceux qui les font : réflexion qui
augmente la reconnoiffance
que j'ai pour l'affiduité avec laquelle vous m'avez aidé dans
ce travail. Car vous vous reffou-

a ij

venez, MON CHER FRERE, & j'espere que ce n'est pas sans quelque satisfaction, que nous avons souvent passé ensemble des jours & des nuits entieres à examiner chymiquement les corps naturels, & cela déja dans le tems que vous pensiez à vous appliquer à la Médecine, & que je me destinois à l'étude de la Théologie. La Providence a trouvé à propos de diriger les choses autrement. Nous avons changé de condition. Vous vous êtes donné tout entier à l'étude des Sciences Sacrées, & vous avez travaillé uniquement à enseigner le véritable culte de la Divinité, tant par des discours simples & apostoliques, que par une conduite sage & réglée. Moi, au contraire, moins courageux, connoissant le peu d'étendue de mes forces, je me suis dé-

voué à la Médecine, qui étoit
plus à ma portée. Cet Ouvrage
donc vous étoit bien dû, puifque vous avez contribué à fa
publication. Recevez-le avec
les mêmes fentimens que je
vous l'offre. Qu'il foit une
marque de ma reconnoiffance, & un monument public
de l'amitié que j'ai pour vous.
Combien de fois ne me fuis-
je pas félicité d'avoir en vous
un frere orné de toutes les
qualités de l'efprit & du cœur
néceffaires pour rendre recommandable cet Evangile de Paix,
qu'il prêche tant par fes dif-
cours que par l'intégrité de fes
mœurs, & cela fans aucun mêlange de vaine affection ? De
mon côté, fi j'ai été affez heureux pour mériter votre approbation, par la maniere dont je
me fuis acquité de mon devoir,
ce ne fera pas-là pour moi un

vj *DEDICACE.*

médiocre ſujet de joie. Adieu,
MON CHER FRERE: pen-
dant que vous donnerez quelques heures à parcourir cet Ouvrage, ſouvenez-vous du plaiſir que nous avons eu en travaillant enſemble à ce qui en
fait le ſujet.

A Leyde ce 1. Juillet 1731.

PREFACE

DE

L'AUTEUR.

J E n'ai jamais prévu que je ferois obligé de publier un jour quelque chofe fur la Chymie. Cette Science a été traitée par tant d'Auteurs, & cela avec un tel fuccès par plufieurs d'entr'eux, que je ne puis gueres efpérer d'avancer quelque chofe de mieux, ou de ne pas répéter ce qu'ils ont déja dit. Le pofte que j'ai occupé dans notre Académie demandoit à la vérité que je donnaffe toutes les années un Cours de Chymie ; mais je n'en devois enfeigner que les premiers Elémens, & donner quelques exemples des opérations à ceux qui

vouloient bien assister à mes Colléges. Peut-être que je leur ai été
assez utile, tant par l'ordre dans
lequel je rangeois les matieres que
je traitois, que par la simplicité
avec laquelle j'ai toujours tâché
de m'exprimer : car à ces deux
égards il me restoit encore quelque
chose à faire pour que la Chymie
pût être mise au nombre des Sciences qu'on enseigne dans les Académies. Après n'avoir rien négli-
gé pour m'acquiter en cela de mon
devoir, je croyois avoir répondu
à tout ce qu'on attendoit de moi.
Mais je vois qu'il en est tout autrement. Quelques-uns de mes Auditeurs, qui ont payé d'ingrati-
tude tous les services que j'ai tâché de leur rendre, & l'avarice
insatiable de quelques Libraires,
qui ne trouvent aucun moyen des-
honnête, dès qu'il s'agit de gagner
quelque chose, m'ont rendu amere
la profession de la Chymie. Sous

le faux prétexte de l'avancement des Arts, & par une licence qui mériteroit d'être reprimée par les Loix, ils ont péché tant contre le Public que contre moi, en faisant imprimer à mon insceu des Institutions & des Expériences de Chymie qui portent mon nom. Pour ne pas dégoûter mes Lecteurs, je ne rapporterai pas ici toutes les faussetés, les absurdités & les barbarismes, qu'on m'y fait dire à chaque page. Cependant, à la honte de notre siécle, ce Livre n'a pas laissé que de trouver d'abord un grand nombre d'Acheteurs, qui ont eu bientôt occasion de se repentir d'une emplette qu'ils ont faite sur la recommandation de gens qui ont prostitué leur réputation en louant un tel Ouvrage. J'ai eu même la mortification de voir que mes Auditeurs apportoient ce livre dans mes Colléges, & en comparoient

le texte avec ce que je difois.
Ennnyé d'un fpectacle auffi défa-
gréable, j'ai porté mes plaintes
à ceux qui, par le pofte qu'ils oc-
cupent dans la Société, font
appellés à empêcher & à punir
les fautes qui fe commettent
contre la bonne police ; on étoit
fur le point de me rendre juftice,
lorfque certaines perfonnes ont
travaillé à retarder & même à
empêcher tout-à-fait la chofe,
quoique tant à caufe des fervices
que je leur avois rendus, que des
promeffes qu'elles m'avoient faites, je duffe m'attendre à un
procedé tout différent de leur
part. Ainfi j'ai appris par une
fâcheufe expérience, qu'il y a
des gens qui fe croyent tout permis, lorfqu'il s'agit de l'emporter fur des gens de Lettres. Ces
raifons, & quelques autres encore, m'ont engagé à renoncer
d'abord à l'emploi de Profeffeur

en Chymie : cependant je ne me
suis pas tiré d'embarras par-là ;
car tous mes amis ont cru que
j'étois obligé de publier moi-même
mes Institutions & mes Démonstrations Chymiques , afin
que chacun pût juger de la
maniere dont j'avois enseigné la
Chymie , tant dans mes Léçons
publiques que particulieres. J'a-
vois beau leur représenter que
ces Institutions n'étoient destinées
que pour les Commençans , à
qui je me proposois d'enseigner
uniquement les premiers Elémens
de l'Histoire de la Chymie , &
de la méthode qu'il faut suivre
dans l'étude de cette science ;
que par conséquent elles ne contenoient presque rien qui fût digne de l'attention du Public ;
& qu'au contraire , un Ouvrage
de cette espéce , où l'on ne trouveroit que les Rudimens de l'Art ,
déplairoit à tout Lecteur tant soit

peu familiarisé avec les Ouvrages des autres Chymistes. On me
répliquoit que le Livre qui avoit
été publié sous mon nom, étoit
loué & recherché avec empressement, & qu'il se vendoit fort
cher, & que si je n'y pourvoyois
on alloit bientôt en donner une
nouvelle édition. Cela m'inquié-
toit, & me faisoit penser au fameux Pétrarque, qui déploroit
le malheur de son siécle, en
voyant qu'on estimoit assez ses
Poësies, pour le mettre au rang
des plus grands Poëtes. Combien
plus, me disois-je à moi-même,
dois-je rougir de me mêler parmi
les Auteurs qui ont écrit sur la
Chymie, moi qui convaincu de
ma propre foiblesse, me contente
d'admirer les ouvrages des autres.
Enfin cependant j'ai été obligé
d'entreprendre un travail aussi
désagréable que celui-ci, & de
publier ce Livre, que je déclare

m'être extorqué par force. Au reſte il eſt écrit avec toute la briéveté poſſible, & j'ai évité de m'y ſervir des termes qui ſont uniquement familiers aux Artiſtes. J'ai crû peuvoir agir de cette façon, à l'exemple de l'incomparable George Agricola dans ſes Traités, De Re Metallica, de Foſſilibus, & de Subterraneis. J'aurois fort ſouhaité d'avoir aſſez de loiſir pour imiter en tout le ſtile de cet excellent Auteur ; mais le nombre de mes occupations eſt cauſe qu'il m'eſt échappé de tems en tems quelques expreſſions peu correctes. On me reprochera peut-être de m'être trop arrêté à des minuties ; mais qu'on ſe ſouvienne que la prudence exigeoit que je n'oubliaſſe aucune des précautions néceſſaires pour éviter les dangers auſquels on eſt ſouvent expoſé dans la pratique des Opérations Chymiques. J'ai toujours eu les Commençans devant les yeux, ainsi j'ai dû les avertir de toutes les occasions, qui étoient accompagnées de quelques périls. Cette même raison m'a encore engagé à ne rien déterminer qu'après des Expériences particuliéres, & en évitant d'avancer témérairement des regles générales. Cette route est pénible à la verité, mais c'est la seule qui nous conduise à la découverte des vérités physiques. J'ai dû insérer aussi dans la premiere partie de cet Ouvrage les Leçons publiques, que j'ai faites sur la Chymie en différens tems ; & comme j'ai crû qu'il étoit nécessaire de les rapporter telles, que je les avois prononcées, en les confirmant par de nouvelles Expériences, il m'est arrivé quelquefois de tomber dans des répétitions ; ce que je ne pouvois pas éviter. Cela est cause que j'ai grossi le volume de ce Livre

au-delà de ec que des occupations
d'un genre tout différent ne sem-
bloient pouvoir me le permettre.
Combien de fois ne m'est-il pas
arrivé, en y travaillant, d'envier
le bonheur de ces Auteurs qui ont
assez de tems pour méditer, digé-
rer & polir leurs Ouvrages? J'ai
écrit celui-ci fort à la hâte, & au
milieu d'un très-grand nombre de
distractions; si j'avois eu assez de
loisir & de tranquillité, je l'aurois fait paroître sous une forme
toute différente; & surtout je me
serois appliqué à pousser & à confirmer certaines choses par de nouvelles Expériences; car il y a déja
quelques années que j'ai fait, dans
mes Leçons publiques, celles que
je rapporte; je crois devoir en
avertir, afin qu'on ne croye pas
que je les ai puisées ailleurs en
cachant le nom de leur Auteur. Je
prie ceux qui liront cette Ouvrage, de le recevoir favorablement,

de me pardonner la grosseur du volume dont je les charge, & de se ressouvenir que je n'aurois jamais osé le rendre, sans l'empressement avec lequel on en a recherché une Edition supposée, qui est fort inférieure à celle-ci.

A cette occasion qu'il me soit permis de dire ici, que je n'ai publié aucun autre Ouvrage, que ceux qui se trouvent dans la liste suivante, que j'aurois honte de joindre ici, si de fortes raisons ne m'y obligeoient.

Liste

Liste des Ouvrages publiés par l'Auteur.

Oratio de Commendando studio Hippocratico. Cette Harangue a été imprimée à Leide en 1701, chez Abrah. Elfevier.

— de Usu Ratiocinii Mechanici in Medicina. Chez Jean Verbeffel. 1703.

— qua repurgatæ Medecinæ facilis aperitur simplicitas. Chez Jean vander Linden. 1709.

— de Comparando certo in Physicis. Chez Pierre vander Aa. 1715.

— de Chemia suos errores expurgante. Chez Pierre vander Aa. 1718.

— de Vita, & Obitu Clariffimi Bernardi Albini. Chez Pierre vander Aa. 1721.

— quam habui, quum, honesta missione impetrata, Botanicam & & Chemicam Professionem pupli-

cè ponerem. Chez Iſaac Severinus. 1729.

—— *de Honore Medici , Servitute.*
Chez Iſaac Severinus. 1731.

*Epiſtola pro Sententia Malpighianæ
de Glandulis , ad Cl. Ruiſchium.*
in - 4o. chez Pierre vander Aa.
1722.

*Atrocis , nec deſcripti prius , morbi
Hiſtoria , ſecundum Medicæ Artis
Leges conſcripta.* in - 8o. chez Bou-
teſtein. 1724.

*Atrocis rariſſimique morbi Hiſtoria al-
tera.* in - 8o. chez Samuel Lucht-
mans, & Theodore Haak. 1728.

*Tractatus Medicus de Lue Aphrodi-
ſiaca , profixus Aphrodiſiaco ;* in-
folio. Chez Jean Arn. Langerak.
& Jean. Herm. Verbeek. 1728. (a).

(a) Tous ces Ouvrages, qui viennent d'ê-
tre nommés, ont été réimprimés en 1738.
dans un même volume à la Haye chez
Jean Néaulme, qui leur a ajouté deux
Diſſertations de M. de Boerhaave ſur le
Mercure, dont l'une ſe trouve dans les
Tranſactions Philoſophiques, & l'autre

Inftitutiones Medicæ in Ufus annuæ exercitationis domefticos ; in-8o. Chez Jean vander Linden, pere & Fils. 1708. On a donné quelques autres Editions de ce Livre avec des augmentations.

Aphorifmi de Cognofcendis & Curandis Morbis in ufum doctrinæ. in-8o. chez Jean vander Linden. 1709.

Il a auffi paru quelques autres Editions de ce Livre avec des augmentations.

Index Plantarum , quæ in Horto Academico Lugduno-Batavo aluntur ; in-4o. chez Corneille Bouteftein 1710.

Libellus de Materie Medica , & Remediorum formulis in - 8o. Chez Ifaac Severinus. 1719.

Ce Livre a été réimprimé une feconde fois.

Index alter Plantarum , quæ in Horto Academico , Lugduno - Batavo , dans les Mémoires de l'Académie Royale des Sciences de Paris.

aluntur ; in-4º. Chez Pierre Vander Aa. 1720.

Tous les autres Ouvrages qu'on a
publié sous mon nom sont supposés, à
l'exception d'un petit nombre de Pré-
faces que j'ai mises à la tête de quelques
Livres,

PREMIER DISCOURS

DE L'AUTEUR,

Adreßé à ses Auditeurs.

VOus souhaitez, Messieurs, que *But de cet Ouvrage.* je vous dirige dans l'étude de la Chimye ; de mon côté je suis résolu de ne rien négliger pour répondre à ce que vous attendez de moi à cet égard.

Je prévois que j'en viendrai heureusement à bout, si je vous explique clairement & avec ordre, tout ce qui vous est nécsseaire, soit pour l'intelligence des meilleurs Auteurs, que vous devez lire pour apprendre cette Science, qui est uniquement fondée sur les expériences ; soit pour vous mettre en état de faire vous-mêmes les principales opérations Chymiques. Ainsi vous acquerrez la pratique de l'Art en même tems que vous vous instruirez dans sa théorie.

Il ne faut cependant pas regarder *Difficulté de ce but.* cela comme une chose fort aisée, dans une Science qui a été cultivée

b iij

par des Gens que le hafard inftrui-
foit , plutôt que le foin qu'ils pre-
noient de faire des découvertes, en
fuivant les régles de l'art, & qui
pour l'ordinaire étoient deftitués de
toute connoiffance des autres Sciences, & par là même de tout le fecours qu'ils en auroient pû tirer.

Il eft arrivé de là qu'ils ne nous ont
laiffé qu'un ramas confus de découvertes & d'obfervations faites fans
ordre , & telles que le hazard les leur
offroit.

Ils ont encore augmenté ici les
difficultés, en négligeant prefque par
tout les chofes dont la connoiffance
leur étoit fort familiere, & qu'à caufe
de cela ils ne regardoient pas comme
dignes qu'on en parlât : & cependant fans elles, un Lecteur qui n'eft
par verfé dans cette Science , ne
peut pas entendre les caufes de bien
des chofes qu'il doit favoir.

Mais cette Science eft devenue
fur-tout difficile quand les Chymiftes ont une fois commencé à entrer
en difpute les uns avec les autres, à
bâtir des principes généraux , à rendre raifon des divers phénomènes.

On peut cependant furmonter en quelque façon ces difficultés, en raffemblant les expériences qui ont véritablement été faites en Chymie ; en tirant de ces expériences quelques régles générales, & en rangeant ces régles dans un bon ordre.

Le fuccès fera d'autant plus fûr, fi celui qui entreprend cette ouvrage, y apporte un efprit cultivé par un exercice long & foigneux de ce qu'il y a de pratique dans la Chymie ; & je puis dire fans vanité, que c'eft affez là mon cas.

C'eft donc avec quelque efpérance de fuccès que j'entreprend ces Inftitutions, que je diviferai en trois Parties.

Dans la premiere, j'expoferai l'origine de la Chymie ; les progrès qu'elle a faits, la maniere dont elle a été cultivée, les différens forts qu'elle a eu ; j'indiquerai les Auteurs qui ont écrit les premiers fur cet Art, en fuivant l'ordre des tems dans lefquels ils ont vêcu ; j'aurai foin de remarquer en peu de mots en quoi ils ont été de même avis, & en quoi ils ont différé ; je pafferai enfuite aux différentes sectes auxquelles leur division a donné lieu, & j'examinerai quel avantage ou quel dommage il en est résulté pour l'Art qu'ils professoient. En attribuant à chacun la gloire qu'il a méritée, je recommanderai sans partialité ceux qui se seront distingués parmi eux, à proportion qu'ils auront été plus utiles. Par-là, je pourrai vous donner des avis qui ne vous seront peut-être pas inutiles, pour vous diriger dans l'étude de cette Science. Au reste, je serai sur mes gardes pour me conformer, en tout ce que je dirai, aux régles que doit suivre un historien, & pour ne point m'écarter de la fidélité requise.

Seconde partie. La seconde partie de cet Ouvrage renfermera les dogmes certains & indubitables qu'on a en Chymie, & qui ont été tirés de ces vérités Physiques que les expériences des Chymistes ont mises hors de doute : je choisirai sur-tout les plus généraux, & ceux qui enseignent la maniere dont il faut s'y prendre pour faire comme il faut ces opérations qui peuvent & qui *Ce que c'est que la Théo- Chymique.* doivent être faites en Chymie. Car nous ne reconnoissons ici aucune autre théorie, que celle qui eſt fondée ſur des propoſitions générales, il eſt vrai; mais qui ont été auparavant tirées d'obſervations chymiques communes, nombreuſes, ſûres, & qui ont toujours lieu de la même maniere, de ſorte qu'on en peut déduire une vérité générale.

Il ne faut cependant pas trop étendre cette régle : pour qu'elle demeure vrai, on ne doit l'appliquer qu'à ces corps particuliers ſur leſquels on a découvert qu'elle s'étendoit, & qui ſont parfaitement de même nature. *Ses bornes.*

Car il eſt certain que les forces propres de quelques corps, produiſent des effets qu'on n'auroit jamais pû prévoir par le ſecours d'aucun Théoréme général; & cela parce que ces effets dépendent ſeulement de la nature particuliere de ces corps & qu'ils ne ſont peut-être communs à aucun autre. *Raiſon des précautions qu'il faut prendre ici.*

Il me ſera auſſi permis d'uſer prudemment de ce qui a été démontré en Phyſique, en mécanique, en hydroſtatique, en hydraulique; puiſque les propriétés communes à tous les corps, & les autres choſes qui en dé *Uſage de la Phyſique Mathématique en Chymie.*

pendent fûrement, ont leur ufage en Chymie. C'eft à deffein que j'ai dit qu'il falloit en ufer prudemment, parce que la nature particuliere d'un certain corps appliqué a un autre, détruit fouvent ce qu'on démontre en méca-nique être vrai des corps, confidérés en général. Galilée, par exemple, a démontré fort ingénieufement fui-vant quelle loi un corps péfant, aban-donné à lui-même, defcend d'un point fixe à un autre point fur la terre, qui eft perpendiculairement au-deffous, & cela en fe mouvant dans un ligne fpirale ou elliptique, & avec un cer-tain dégré d'accélération. Si cepen-dant nous concevons que c'eft un ai-man qui tombe de cette maniere, & qu'en fon chemin il entre dans la fphère de l'activité d'un autre aiman, qui fe trouve fufpendu à fon paffage, nous verrons bientôt que la démonf-tration eft fauffe. De même auffi, ce qu'Archiméde a démontré des corps, qui font en équilibre dans l'eau, eft vrai, toutes les fois qu'on l'applique aux corps confidérés en général; mais fa démonftration tombe fi vous l'appliquez à l'or qui va au fond dans tout autre fluide, mais qui reste suspendu & dispersé dans l'eau forte, quelque légére qu'elle soit.

C'est donc uniquement avec ces limitations que ce qu'il y a de vrai dans la physique, & dans les autres sciences que nous venons d'indiquer, sera toujours utile à notre art, sans lui nuire jamais.

Enfin, dans ma troisiéme partie, *Troisiéme partie.* mettant la main à l'œuvre, je vous ferai voir les opérations Chymiques, par lesquelles on change les corps de la manière dont l'Art le prescrit, & pour parvenir au but qu'on s'y propose d'avance.

Ici j'aurai soin de ranger ces opé- *Ordre qu'il faut suivre dans l'arrangement des Opérations Chymiques.* rations dans un tel ordre, que je n'o- mettrai pas même les plus commu- nes, lorsqu'il vous importera de les savoir je n'en répéterai jamais aucune *Usages de la Théorie Chymique dans la Pratique.* inutilement : je ferai toujours précé- der celles qui seront nécessaires, pour réussir dans les suivantes.

Dans cette partie pratique je ferai usage de tous les théorémes, expliqués auparavant dans la seconde partie, & par le secours desquels on comprendra aïsément les opérations qu'il fau-

dra faire : de cette façon & l'esprit &
les mains seront utilement dirigées
dans la pratique de l'Art : chacune
des opérations sera en même tems un
exemple qui servira à démontrer les
cas particuliers, qui ont servi a former auparavant un théoréme général.
Voilà, Messieurs, le chemin qui conduit à la parfaite connoissance de la
Chymie, & qui ne vous obligera pas
à un travail inutile dans l'étude d'une
science, qui a déja par elle-même
assez de difficultés. En suivant une autre route, tous les travaux des Chymistes, qu'ils appellent des *Procé-
dés*, n'aboutissent à rien ; ils font
perdre du tems, & loin d'être avan-
tageux à ceux qui s'y appliquent, ils
leur font au contraire très-domma-
geables.

Fin du premier Discours.

SECOND DISCOURS.

*M. B**OERHAAVE** le prononça lorsqu'il fut nommé Professeur en Chymie. Il y fait voir que si les Chymistes ont erré, ils se sont eux-mêmes relevés de leurs erreurs.*

J'AI bien pensé que pour débuter dans un Cours de Chymie publique, je devois m'astraindre à puiser dans cet Art même le sujet de ce Discours. La source n'est que trop féconde, si je n'avois à parler qu'à des Chymistes ; mais quelle devient stérile, lorsqu'il s'agit d'en traiter quelque point d'une maniere assez intéressante pour toutes les personnes qui me font la grace de m'entendre ! Le champ est vaste, Messieurs ; ce seroit ne pas connoître toute l'étendue de la Chymie, que d'être embarrassé à y trouver matiere à discourir ; mais toutes les grandes vérités que nous pourrions annoncer ici, se trouvent toujours si embarrassées dans les mixtes d'où nous les tirons, & peuvent paroître tenir si peu au systê-

me de l'Univers, qu'il n'est pas possible
de les exposer d'une maniere à intéres-
ser une assemblée choisie , de gens de
goût, les principaux d'une Républi-
que , des personnes versées dans toutes sortes de sciences. Voilà quelle
est ma position. C'est de la Chymie
qu'il faut vous entretenir. De la Chymie ! Quoi d'un Art dont les dehors paroissent si bruts , si gros-
siers, qu'il a , pour ainsi dire , rompu
tout commerce avec les Philosophes,
qu'il est inconnu & même suspect au
Sçavans : & en effet, que peut avoir
de gracieux un Art que l'on croit enseveli dans le feu, la fumée, les cendres & la poussiere ? ce ne seroit rien
encore , si je n'étois embarrassé que
de le faire voir tel qu'il est ; mais
autant il auroit besoin de parure &
d'ornement , autant il en est peu susceptible. Ce n'est donc que l'amour
seul du vrai , qui puisse vous faire
prendre quelqu'intérêt à ce Discours,
dans un tems surtout ou l'Art est tom-
bé dans un discrédit si grand , qu'il ne
paroît guéres possible de pouvoir
faire si tôt revenir de cette fâcheuse
prévention; tandis que des personnes

recommandables par leur sçavoir, &
dont le sentiment est d'un si grand
poids dans les choses sur lesquelles
elles se sont décidées, rejettent la
Chymie comme un Art sujet à une
infinité d'erreurs, & qui n'a en
soi presque rien d'utile ; comme
une source de miseres, un Art
ruineux, capable de séduire & de
gâter le meilleur esprit. Il en est
d'autres, il est vrai, qui, soit par inclination, soit par science certaine,
croyent qu'on ne peut donner trop
de louanges à la Chymie ; mais leur
autorité est de peu de poids auprès
des Juges éclairés, instruits qu'ils sont
que les louanges de ces derniers sont
aussi outrées, que les reproches des
premiers sont mal fondés. C'est en ré-
fléchissant sur ces deux extrêmités, que
j'ai crû pouvoir tenter dans ce Discours de les rapprocher, & d'accorder
ensemble des avis si opposés & si différens. En reconnoissant donc les erreurs
qui se sont introduites dans cet Art, je
tâcherai de prouver que ceux qui s'y
appliquent ont été seuls capables de
les dissiper. C'est-là le sujet que j'ai
crû devoir choisir dans les circons-

tances préfentes ; fujet qui, fans être étranger à mes fonctions, ne fera pas encore fans utilité. Je ne cherche que la vérité, Meffieurs ; auffi ne me verrez vous pas difcourir en enthou-fiafte qui ne veut que débiter les fables que fon imagination lui fugge-re. Je ne puis trop vous inviter à vouloir bien avoir la patience de m'entendre, & à me faire grace fi je ne fuis pas affez de force & d'énergie pour ne pas foutenir votre attention. Du refte quelqu'effet que puiffe pro-duire fur votre efprit ce dont je veux avoir l'honneur de vous entretenir, vous avez trop de difcernement pour confondre ici l'Orateur & le Chy-mifte ; l'Art de l'un avec celui de l'autre ; le but du premier, qui eft toujours de perfuader, & celui du fecond, de préfenter des faits nuds, fans autre ornement que la vérité. J'entre en matiere. I. Il y a très long-tems que le plus fage des Grecs a fait voir très - ingénieufement que prefque toutes les calamités des hom-mes avoient leur fource dans l'igno-rance ; mais que les erreurs les ren-dent encore bien plus malheureux !

elles font prefque inévitables lorfqu'on fort de fon fujet pour traiter
d'un autre dont on ne connoît pas
affez toute l'étendue ; & fi ces erreurs
font de conféquence partout , quelles dangereufes fuites n'ont-elles pas
en Théologie ? C'eft la fcience qui
nous éleve jufqu'à l'Etre fuprême ;
nous le préfente dans toute fa majef-
té ; nous inftruit de ce que nous devons à Dieu , à notre prochain & à
nous-mêmes. C'eft-elle qui nous raconte fes merveilles, & nous fait connoître fes bienfaits. Eft-il rien de plus
beau , de plus grand , de plus fubli-
me ! Toute la nature entiere peut-elle
fe préfenter fur un plus beau côté ?
Et en a-t'elle un plus intéreffant que
celui par lequel elle tient à fon Créateur ! Sciences & Arts qui tâchez de
nous la développer , ou qui vous oc-
cupez de fes rapports , pouvez-vous
entrer en comparaifon avec la fcience qui ne s'occupe que de celui qui
l'a formée ? Quelles précautions ne
doit-on pas prendre pour ne rien
laiffer échapper qui puiffe donner at-
teinte à aucun des dogmes qui la con-
cernent ? De quel exécrable facrilége

ne se rendent pas coupables ceux qui,
sans reconnoître Dieu comme Auteur de toutes choses, suivent les ca-
prices de leur imagination, tâchent
d'interpréter les effets de la nature
par des correspondances, des rapports, des défauts d'affections, &c.
& mêlant ainsi le sacré avec le pro-
fane, sacrifient à d'aveugles idoles,
en perdant de vûe l'Etre à la présence duquel ils ne peuvent jamais échapper ? Loin d'ici tout ce qui n'est pas
conforme aux Sacrés Oracles ! Plût à
Dieu que la plûpart des Chymistes,
moins enfouis dans leurs fourneaux,
eussent levés les yeux, & qu'ils eussent reconnu le Souverain moteur de
l'Univers ! Quel honneur ne se fe-
roient-ils pas fait, s'ils s'étoient tenus dans les bornes qui leurs sont
prescrites ? Que je souhaiterois qu'ils
ne se fussent jamais immiscés dans les
mysteres de la Religion ! Que je dé-
sirerois que leur monstrueuse imagination n'eut jamais souillé les Saints
Mysteres ! Hommes vains, qu'aviez-
vous à faire d'expliquer les Saintes
Ecritures, par vos principes & vos
Elémens de Chymie ? Mais je m'ar-

rête. J'aurois honte d'avoir une foule d'objections à faire sans laisser entrevoir comment le mal a été réparé. Qui pourroit en effet lire les Ouvrages de Paracelse, de Van-Helmont, des freres de la Rose-Croix, sans en être étonné ? Qui pourroit voir sans une espece d'horreur & d'exécration cette troupe insensée de Chymistes, vouloir tout éclaircir avec son obscurité ! Quelle source plus féconde de fables, de suppositions, d'injustice ! Où se trouveroit-il plus de folies moins ingénieuses, d'idées moins suivies, & plus humiliantes pour l'esprit humain ? Qui peut donc avoir entraîné ces premiers Cultivateurs de la Chymie dans des erreurs si grossieres ? Hélas ! la raison en est très-simple. Ceux qui autrefois fouillerent ou firent fouiller la terre pour lui enlever ses trésors, pour en tirer les métaux, étoient illitérés, n'avoient apparemment nul commerce avec les Philosophes ; condamnés à vivre sous terre, ils étoient dans les ténébres, ils restoient dans leurs tannieres, & n'y vivoient que pour y subsister. Repré-

fentez - vous ces hommes expofés
tous les jours à mille dangers, toujours dans la crainte de ce qui peut
leur arriver, paffant leurs jours dans
le trouble & l'inquiétude, menant à
tous égards une vie fort dure, fort
pénible, & très-laborieufe ; ne les
voyez-vous pas livrés à la frayeur
que leur infpirent les fréquens trem-
blemens de terre, les torrens qui defcendent des montagnes, les météores, les embrâfemens des exhalai-
fons fulphureufes & groffieres, le re-
tentiffement des cavernes, & les mu-
giffemens fouterrains ? Engagés fans
prudence dans ces lieux remplis de
dangers, éloignés des perfonnes capables de les raffurer & de diffiper
le trouble de leur efprit ; quel dût
être leur penchant, leur inclination,
pour fe livrer à la fuperftition, aux
fables que doivent néceffairement en-
fanter des efprits pétrits de crainte,
nourris dans la frayeur, élevés dans
le préjugé ; toutes fources qui en
augmentant leur mélancolie, dûrent
néceffairement faire des foux de ces
infenfés ? Ne dût-il donc pas arriver
que ceux qui fe choifirent de tels

Maîtres pour guides (à moins que
d'avoir une fermeté d'efprit peu commune) dûrent être entraînés dans
des erreurs dont ils font imbus? Quoi
de plus ordinaire en effet que de voir
ceux qui fe livrent fans réferve a
quelqu'Art, que de fe laiffer féduire
par l'autorité d'un Maître, d'une fable qui a paffé des uns aux autres par
tradition, par la multiplicité des
exemples, quoiqu'ils foient d'ailleurs
gens d'efprit, capables de diftinguer
la vérité du menfonge, la réalité de
la fiction. Oferai-je le dire, Meffieurs?
Eh ! quel eft celui d'entre nous dont
l'efprit foit fi bien fubjugé par la
bonne Phylofophie, qu'il n'ait pas
encore quelque préjugé d'enfance &
d'éducation, qui ne fe voye naturellement porté à donner dans le faux, &
ne déplore fon fort ? Voilà les premieres fources du mal. Mais ce qu'il
l'a encore augmenté, c'eft que les plus
fçavans Médecins, méprifant Galien,
les Péripatéciens, & les Arabes,
donnerent tout à la Chymie. S'étant
en effet apperçus qu'on ne trouvoit
dans ces Auteurs que des mots ; que
la Chymie au contraire, leur four-

niſſoit des faits ; que leurs écrits ne
renfermoient que des fictions générales , & des ſpéculations formées
dans leur cerveau ; tandis que la Chymie donnoit des preuves ſenſibles de
ſes Opérations par des effets exté-
rieurs : frappés de cette différence ,
ils ſuivirent aveuglément les diverſes
opérations des Chymiſtes , & em-
braſſerent tous les raiſonnemens de
ceux dont ils n'avoient même eu le
plaiſir de voir que fort peu d'effets.
Ce fut-là une nouvelle cauſe de ces
fâcheux égaremens , de cet eſprit de
déſordre & de contagion , qui domi-
na & s'étendit ſi loin , que la Chymie devint , par la ſuite , ſuſpecte aux
plus ſages , odieuſe aux Philoſophes ,
ridicule à la plus grande partie. C'eſt-
là tout ce qui fit revivre toutes ces
notions abſurdes des Mages , des
Chaldéens , des Perſes , ſur le feu
qu'ils adoroient comme un Dieu. Ce
fut-là ce qui donna lieu aux douces
& flateuſes rêveries de Pythagore, ſur
la tranſmigration des ames. Quelques-
uns ſoutinrent avec Epicure que l'a-
me étoit un compoſé de corpuſcules,
que leurpetiteſſe rend imperceptibles.

D'autres imaginerent partout avec Platon des Nombres & des Démons. Quelques-uns essayerent l'Art Magique de Zoroastre; & on vit les plus fameux Chymistes enseigner comme vrayes toutes les fictions ingénieuses des Poëtes, au sujet des Faunes, des Satyres, des Génies, des Nymphes, des Pygmées, des demi-Dieux, des Divinités des Bois, des Montagnes, des Eaux, de l'Air & des lieux souterrains. Ils empoisonnerent l'esprit de leurs Disciples, de secrets, de charmes, d'enchantemens, de sortiléges, des vaines conjectures, & des fausses prédictions des Astrologues, des Amulettes des Barbares, des Talismans, des Génies confinés dans les métaux, & des esprits introduits par enchantemens dans les corps solides. Sera-t'il surprenant, après tout ce que nous venons de dire, que ces perturbateurs ayent violé ce qu'il y a de plus sacré? Une erreur entraîne volontiers dans une autre. Ces infâmes oserent regarder le Pentateuque de Moyse, les écrits de Salomon, & l'Apocalypse, ou les révélations de Saint Jean, comme autant de traités sur la Pierre Philosophale. Leurs interprétations forcées des Mysteres les plus Saints, font tant d'horreur, que nous ne nous y arrêterons pas ici. Personne ne pourroit les entendre sans en frémir, les lire sans les détester, en comprendre le sens sans exécration. Du reste, ils n'est rien qu'ils n'ayent perverti par leurs commentaires. Ils voyoient partout des allégories, des emblêmes, des types, des énygmes ; au point que rien n'étoit si bien expliqué, si simple dans le texte sacré, à quoi il n'ayent tâché honteusement de donner un sens tout opposé. Ils ont été assez insensés de convertir en préceptes & en maximes d'Alchymie l'Histoire même des faits, les miracles opérés pour la propagation de l'Evangile. Mais pourquoi insister si longtems sur un récit qui ne peut que remplir d'indignation, & faire à jamais détester & proscrire un Art qui a pû conduire à de pareilles indignités ? C'est à la fermeté de votre jugement, Messieurs, que j'en appelle, à cet esprit d'impartialité toujours prêt à reconnoître la vérité partout où elle se montre ;

tre; & vous verrez que les vrais monumens des Chymiſtes, loin d'ap-
puyer de pareilles abſurdités, ne ſervent au contraire qu'à les combattre
avec ſuccès, & à les détruire radica-
lement. Ne ſeroit-ce donc pas abuſer de votre indulgence, que de rapporter des preuves tirées de la Chymie même, qui anéantiſſent entiérement toutes les rêveries auquel cet
Art paroît avoir donné lieu? Hélas!
le nombre en ſeroit ſi grand, qu'il
nous conduiroit trop loin. Mais au
moins, ſouffrez, Meſſieurs, que je
rende à Roger Bacon les honneurs
qui lui ſont dûs, à ce célébre Anglois, qui vécut dans le treiziéme
ſiécle; ce n'étoit encore que l'aurore
des ſciences: auſſi l'ignorance & la
barbarie le contraignirent-elles de
ſe ſauver. Ce grand homme connoiſſoit ſi bien les facultés de la Nature, & ce que pouvoit l'Art, qu'en
les aſſociant prudemment l'un & l'autre, il nous a appris à produire des
effets plus ſurprenans que les prodiges qu'on attribue aux Mages; c'eſt
par des expériences, qu'il a fait voir
qu'un homme, inſtruit des loix qu'ob-

Tome I. c

ſerve la nature, eſt en état de produire des effets qu'il lui eſt impoſſible
d'imiter, avec les charmes, les ſor-
tiléges & les preſtiges. Il expoſa
avec une facilité & une candeur
qu'on ne ſçauroit trop admirer, la
ſuperſtition, l'erreur & le fanatiſme
du ſiécle où il vivoit. Il fit voir avec
beaucoup de jugement la différence
qu'il y avoit entre les myſteres, les
chimeres, & les inventions ridicules
des cerveaux dérangés, entre les principes corruptibles du corps & l'o-
rigine céleſte de l'ame, entre Dieu &
la Nature. Si on peut ſous différens
égards admirer un auſſi grand homme ; quel cas n'en doit-on pas faire,
ſi on fait attention que la Chymie
n'étoit encore qu'au berceau ? C'eſt à
la même Nation, Meſſieurs, que nous
devons aujourd'hui un homme qu'on
ne peut aſſez honorer, le célébre
Boyle. Qui s'eſt plus que lui diſtin-
gué en Médecine ? Qui s'y eſt livré
avec plus d'ardeur ? Où trouve-t'on
un plus grand nombre d'opérations
plus curieuſes, & qui aient eu plus
de ſuccès ? Jour & nuit il interrogeoit
la Nature ; il faiſoit des expériences,

& par une générosité qu'on ne peut
affez admirer, il fe faifoit un plaifir
de les communiquer aux autres, &
de les. faire participer, fans aucun
vue d'intérêt, aux découvertes qu'il
avoit faites lui-même avec beaucoup
de peine, de danger & de dépenfe.
Sera t'on furpris d'un procédé auffi
généreux dans un auffi belle ame, fi
remplie de l'amour du vrai Dieu? Et
en effet, avec quels fentimens plus
purs adora-t'on jamais le vrai Dieu?
Aimant, mais n'aimant que pour faire
du bien ; ayant toute la vénération
poffible pour les Divins Oracles , le
vit-on jamais confondre les principes de la Religion avec quelque fcience naturelle, avec la Chymie? C'eft
aux Ouvrages de ce grand homme
que j'en appelle. Voyez ce qu'il a
dit de l'admirable diction des Saintes Ecritures , de l'amour de Dieu ,
fur ce que s'eft propofé le Créateur, fur
la reconnoiffance & le refpect dont
tout le genre humain doit être péné-
tré envers la Providence. J'en appelle
à cette grandeur d'ame fans exemple,
à fon teftament dans lequel il a fait
un legs pour faire des Sermons , &

& convaincre les Athées de l'exif-
tence d'un Dieu, & pour combattre
les ennemis déclarés du Chriftianif-
me. Combien d'autres exemples au-
rois-je encore à citer, fi je ne croyois
pas que ceux-ci duffent fuffire pour
faire voir que fi la Chymie, dans fes
déreglemens, a donné dans des erreurs
groffieres, ces erreurs ont été diffipées
par les Chymiftes mêmes. Voilà un
des points que nous avions à prouver: paffons préfentement à un autre.

Les changemens qui arrivent dans
les corps font une fuite du mouvement qui eft répandu dans le fyftême corporel, & qui l'agite. Il faut
donc commencer par rechercher les
caufes de ce mouvement ; ce qui peut
le produire, le détourner, ou le faire
ceffer dans les corps. Or c'eft ce qu'il
eft impoffible de faire fans le fecours
des expériences, & fans l'obfervation des effets qui fe manifeftent aux
fens. Rien n'eft plus digne de nos
foins que d'obferver avec attention
les mouvemens qui réfultent de l'action des corps qui font voifins les uns
des autres, & cela en appliquant des
corps les uns fur les autres, & puis
en les éloignant ; tandis que par le

moyen du feu, on excite dans chacun un mouvement convenable; c'eſt-
là la meilleure méthode dont on puiſſe ſe ſervir pour découvrir les propriétés des corps. Tout cela eſt-il
l'ouvrage de la Chymie? La Chymie,
à cet égard, eſt donc d'une grande
utilité pour étendre les connoiſſances phyſiques, puiſqu'il n'y a point
d'Art plus propre pour découvrir les
ſecrets de la nature ; quoiqu'il faille
avouer en même-tems qu'il a été la
ſource d'une infinité d'erreurs. La
principale de ces erreurs, c'eſt qu'auſ-
ſi-tôt que les Chymiſtes eurent découvert, par le ſecours des expériences, l'action qui étoit propre à un
corps particulier, ils regarderent
cette propriété comme univerſelle,
& avancerent hardiment qu'elle étoit
la même dans tous les corps. Les
Chymiſtes ont imité en cela les Philoſophes, qui ayant remarqué une attraction mutuelle entre l'aiman & le
fer, en ont attribué une pareille à
tous les autres corps. C'eſt à cette
mauvaiſe maniere de raiſonner que
les doctrines des fermens, des effer-
veſcences, des ſels oppoſés, de l'ou-

fre echauffant, de fomentation, de putréfaction, de génération, de tranfmutation, de précipitation, doivent leur univerfalité, auffi-bien qu'une infinité d'autres qui en font la fuite. Quel changement toute la Phyfique n'effuya t'elle pas après qu'on eut découvert ce petit nombre d'actions? On n'en admit point d'autre pour expliquer les loix de la Nature, & l'on rejetta tout ce qui ne pouvoit s'accorder avec elles. En peu de tems, cette maniere de raifonner des Chymiftes prévalut fi fort, que l'on enferma toutes les actions de la Nature dans les limites étroites de cette maniere d'agir. D'affez bons Philofophes d'ailleurs fe laifferent auffi emporter à cette fougue: Tant l'efprit humain eft porté à généralifer fes connoiffances, quelque diftance & quelque peu de rapport qu'elles aient fouvent entr'elles! Tous les Philofophes fe récrient contre cette maniere de raifonner, & les Chymiftes ont le plus donné dans cet excès. Tous, en effet, s'étoient relâchés, au point que fi la Chymie n'eut elle-même mis des bornes à cette façon licencieufe de raiſonner, on eut réduit toute la Phyſique ſous la dépendance d'un petit nombre de loix que les Chymiſtes avoient établies. Il ne paroiſſoit plus même alors y avoir de moyens pour diſſiper ces erreurs. Mais dès que la Chymie commença à ſe perfectionner, à eſſayer les mêmes méthodes ſur différens corps, & à les varier ſur le même, on apperçut une ſi grande différence dans les ſubſtances, auſſi bien que dans les produits des opérations, qu'on ne pût plus ſe réſoudre à reſtraindre dans les bornes de quelqu'exemples, la vaſte & incomprehenſible nature des choſes. On fut alors convaincu qu'il y a dans les corps une variété de qualités qu'on ne connoiſſoit point auparavant; mais dont l'efficacité eſt ſurprenante, & qui ſont la cauſe des mouvemens particuliers, qui ne laiſſent pas d'être ſouvent fort conſidérables. Cet Art utile répara donc les dommages, que l'abus qu'on en avoit fait, avoit cauſés; il déracina lui-même les erreurs auſquelles il avoit donné lieu. Eclairciſſons ceci par un exemple. Si on enferme dans un vaiſſeau

des végétaux qui s'aigriffent d'eux-
mêmes, la chaleur feule de l'air les
mettra en mouvement ; & fi ce mouvement continue pendant quelque
tems, il changera une partie de
l'huile naturelle en efprits volatils,
propres à fe mêler avec l'eau & à
s'enflammer. Ces mêmes végétaux,
par un mouvement peu différent du
premier, changeront la même partie
de leur huile, & des efprits acides
qui fe mêleront bien avec de l'eau,
mais qui éteindront le feu. Or les
Chymiftes donnent à ces deux actions le nom de *fermentation*, à caufe
du changement remarquable qui fur-
vient dans les principes. Jufqu'ici on
n'a rien à leur objecter ; mais ils tombent enfuite dans un faux raifonne-
ment, lorfqu'ils avancent qu'ils ne
peut y avoir de vrai changement que
par la vertu d'un ferment, & aucun
fans fermentation. Après s'être ainfi
égarés, fatisfaits de leur nouvelle
découverte, ils en prennent occafion de fe former l'idée d'un ferment
univerfel, & d'une vertu fi étendue, que la plûpart de fes parties,
venant à fe mêler avec le ferment propre de quelque corps que ce foit, fuf-

fit pour l'interprêter de telle maniere,
qu'il devient capable d'aſſimiler &
de convertir les fermens de tous
les autres corps en ſa propre nature.
Ainſi une ſeule expérience leur ſuffit pour connoître, à ce qu'ils prétendent, la nature d'une infinité de
choſes. Qu'on ne s'imagine point
que cela n'a lieu que dans le cas dont
nous parlons; car il n'y a aucun ſujet, ſi important qu'il ſoit, ſur lequel
ils ne raiſonnent de la même maniere. De-là vient qu'il y a chez eux
un ſi grand nombre de ſectes, qui
ſe forment chacune une doctrine univerſelle qui lui eſt particuliere, &
qu'ils bâtiſſent ſur leurs propres expériences: de-là vient encore qu'on
a de la peine à en trouver deux qui
s'accordent ſur le même principe, &
que ceux d'entr'eux qui ont le plus
de littérature, rejettent la doctrine
de leurs Ecoles, & ſouhaitant de découvrir quelque choſe d'aſſuré, après
s'être appliqué à la Chymie, reſtent
dans le doute & dans l'incertitude,
& ne ſavent, parmi un grand nombre
d'opinions qui s'offrent à eux, laquelle
il leur convient d'embraſſer pour l'ap-

plication des phénomènes qu'elle présente. La Chymie resta pendant longtems dans ce fâcheux état ; mais elle trouva bientôt en elle-même les ressources & les moyens nécessaires pour l'en tirer. Aucune science n'est venue à son secours , & elle a travaillé seule à sa délivrance: du reste, quiconque en verra bien toute l'étendue, n'en sera point surpris. En effet, si on fait attention qu'on n'a pu appliquer quelques corps à d'autres , les mêler les uns avec les autres , sans y observer de nouveaux phénomènes, des actions différentes , des effets dissemblables , qu'il étoit impossible d'assujettir à une même loi ; cela paroîtra-t'il extraordinaire ? N'a-t'on pas été convaincu alors , par les admirables découvertes qu'ont faites les Chymistes, qu'il faut un grand nombre d'observations , qu'elles exigent un examen scrupuleux, & que ce n'est qu'après les avoir comparées les unes aux autres avec beaucoup de jugement, qu'il sera possible d'établir un moyen universel d'application auquel toutes les actions de la Nature soient assujetties. On ne sçait que trop que rien n'est plus capable de

jetter dans l'erreur, que de juger d'u-
ne chofe par le rapport qu'elle a avec
une autre. Il eft affez naturel à ceux
qui commencent, de déduire les caufes
de tous les événemens, d'un feul mo-
de, ou d'une feule propriété ; mais
une fois qu'ils ont atteint un âge mûr,
plus inftruits qu'ils font par l'expérience, ils doivent fuivre en tout les
regles de la véritable prudence. Les
Chymiftes apprirent donc à ne point
fe hâter, à agir avec beaucoup de
précaution, & à examiner avec toute
l'attention & la circonfpection poffi-
bles chaque particularité, avant de dé-
cider fur ce qui regarde les chofes
naturelles. C'eft d'après ces regles
que la Chymie, en corrigeant fes
erreurs, en embelliffant la vérité, &
en détruifant les abus, eft devenue une fcience certaine, pure, & furtout recommandable par fon utilité.
J'en appelle, pour confirmer la vérité de ce que j'avance, au témoignage de ceux qui voudront comparer
Homberg avec Tachenius, les Écrits
des Chymiftes vulgaires avec les
Mifcellanea d'Allemagne, & les Mémoires de l'Académie Royale des
Sciences.   c vj

Voici une autre fource d'erreurs,
& cette fcience eft fi commune à plufieurs autres fources, qu'il n'y en
a prefque pas qui puiffent en être
exemtes. En effet, quiconque fait attention à ce qui fe paffe dans la Nature, toutes les fois qu'il apperçoit
quelque chofe de confidérable, produit par une caufe qui ne tombe pas
fous les fens, eft naturellement porté
à croire qu'il y a quelque caufe de
cachée qui produit cet effet ; que
cette caufe n'eft point corporelle,
mais d'une nature bien fupérieure. Il
ne revient de fon erreur, qu'après que
la Géométrie lui a fait connoître que
chaque corpufcule peut être divifé
en d'autres corps plus petits, fans
changer de nature, foit que ces petits corps foient fenfibles ou non. La
fubtilité méchanique s'en mêle, l'o-
pinion s'évanouit, & il voit enfin
que les grands corps agiffent comme
les petits. Mais combien y en a-t'il
qui fentent bien ces différences ? La
plûpart de ceux qui ont appris ces
chofes, & même les plus fubtils, né-
gligent de les mettre en ufage, lorfqu'il feroit à propos de le faire. C'eft
là fans doute ce qui leur a fait dire

que le feu n'étoit pas un corps, mais simplement quelque chofe entre le corps & l'efprit. D'autres ont mis le foleil, & le feu fon fils, au nombre des dieux. Combien d'erreurs fe font infinués par cette voie dans la Chymie ? Oui, j'ofe le dire, dans la Chymie. Mais encore fur combien d'autres connoiffances ces erreurs n'ont-elles pas influé ? Du refte l'action du foleil & du feu eft fi prompte, fi vive, fi violente, fi univerfelle, fi pénétrante, &c, qu'il eft affez difficile de fe perfuader qu'une matiere inerte ait été douée de ces qualités. Nous ferions donc fans ceffe indécis parmi toutes ces opinions, fi la Chymie ne nous eut fait voir clairement qu'elle fait réduire le feu ; qu'elle peut le fixer, le pefer, l'unir aux corps, l'en chaffer. C'en fut donc fait alors des monftrueufes hypothèfes, au grand plaifir des vrais Philofophes ; une fois que cette fcience commença à agir, on ne s'attacha plus à de vaines chimeres pour expliquer les différens phénomènes. Tous ceux qui penferent, fentirent la différence qu'il y avoit entre deux chofes éloignées l'une de l'autre autant qu'elle le peuvent être, que toute personne sensée ne confondra jamais la différence absolue qu'il y a entre le corps & l'ame. On n'a pour cela qu'à consulter les dogmes des Chymistes sur la nature du soleil, de la lumiere, du feu, comme ils se trouvent dans les Mémoires de l'Académie des Sciences, où ils sont démontrés d'une maniere irrévocable. Quelle force ces argumens ne prendront-ils pas, si on joint à tout ceci ce qu'a dit Bacon sur le caractere de la flamme & du feu, & qu'il a déduit surtout de différentes expériences chymiques? Ajoutons à cela tout ce que Boyle, les Philosophes Anglois, ont dit de plus subtil sur le poids de la flamme la plus pure, qu'on a sçu admirablement captiver. On verra toujours dans tous ces monumens que les Chymistes ont très-bien réparé les erreurs qu'ils avoient commises dans cette partie. Car on doit faire d'autant plus de cas du moyen qui a servi à corriger une erreur, que cette erreur étoit grossiere. Que peut-il en effet arriver de plus fâcheux à l'homme? quoi de plus honteux, que de confondre ensemble les actions du corps avec celle de l'ame ; cette erreur étoit la suite de ce qui précédoit, & cette affreuse opinion s'étoit non seulement répandue dans tout ce qui concerne la Chymie, mais elle avoit même gâté & porté le désordre dans la maniere de raisonnner des Philosophes. Je ne sçai si on pourroit avoir une bien meilleure idée de la vieille Philosophie des Anciens ; car elle est toute remplie de cette erreur, si on en excepte celle du chaste Anaxagoras. Comme s'il pouvoit arriver qu'une molécule extrêmement petite, en se dilatant & se raréfiant, pût se changer au point qu'en perdant son premier caractere elle pût en prendre un nouveau ; & que comme auparavant elle agissoit simplement par sa masse, sa forme, sa dureté, son mouvement, & qu'elle étoit agitée par ses qualités ; que de même étant changée en ame elle doit sentir, appercevoir, comparer entr'elles des idées, rejetter les différentes especes de choses qui produisent sur elle leur effet. Quoiqu'il n'y ait rien de plus extravagant que cette opinion, on a néan-

moins ofé encore réveiller cette erreur , & ce qui m'en fâche le plus ,
c'eft que des perfonnes très-eftima-
bles d'ailleurs ayent donné dans ce
travers. Car quiconque regarde comme caufe tout ce qui s'accordera mal,
outre fon ignorance , découvre fa
méchanceté. La Chymie combat avec
force cette fecte impie ; elle fçait at-
ténuer les corps autant qu'il eft poffible , & les remettre dans leur état,
fans faire naître ou y détruire aucune efpece de faculté de penfer. Combien de chofes nous aurions à dire ?
mais le champ eft fi vafte, la matiere
fi abondante, que le peu que nous
en avons dit doit fuffire , pour ce que
nous nous propofions de démontrer.

Il ne faut qu'envifager la Phyfique & la Médecine, pour voir le rapport qu'elles ont enfemble. Mais les
erreurs que les Chymiftes y intro-
duifirent, influerent donc tellement fur
la Médecine , & la corrompirent au
point, que non feulement fa partie
fpéculative s'en reffentit , mais même
encore la pratique. Nous feroit-il
permis de remonter ici à la fource
de l'erreur. Les Chymiftes, au moyen

d'un feu artificiel, de vaiſſeaux &
d'inſtrumens , excitent différentes
fortes de mouvemens , par leſquels
les corps étant mêlés ou ſéparés en
différentes manieres , prennent différentes formes , d'où procédent de
nouvelles propriétés qui étoient auparavant inconnues. Une fois donc
qu'ils vinrent à ſoumettre ces corps
à l'analyſe chymique, ils y décou-
vrirent différentes formes, d'où pro-
cedent différentes eſpeces de mouvemens, qu'aucun autre Art n'avoit
pu produire , & que la Nature, aban-
donnée à elle-même, n'eût jamais pré-
ſentée aux ſens. La gloire ſuivoit de
près une auſſi belle découverte: mais
que le plaiſir du ſuccès ſéduiſit l'eſprit de l'inventeur ! Et ces Chymiſtes oſerent avancer, & ſoutinrent à
la fin, comme choſe certaine, que
tout ſe paſſe de même dans la Nature & dans le corps humain. Juſqu'où va l'eſprit de prévention ! Ils
prétendirent que ce que l'on ne pouvoit produire qu'avec des moyens
très-compliqués, très-violens, forts
laborieux, pouvoit d'un côté réſul-
ter de même du mouvement tran-

quille du corps humain, y être entretenu, nourri, développé; que d'autres produits de l'Art se formoient de même dans la terre, l'eau, & l'air. Quelle route n'ont-t'ils pas frayé alors à l'erreur? Ici c'étoient des sels âcres alkalis, fixes & ignés, qui dominoient dans les animaux & les végétaux; des sels volatils, extrêmement âcres & alkalis, imprégnoient les humeurs les plus douces du corps humain, aussi-bien que les parties les plus solides, & se logeoient dans les dents & même dans le lait. D'autres fois les acides ont été en réputation, & on a cru qu'ils existoient non-seulement dans les fossilles & les végétaux, mais encore dans l'homme, en telle quantité, qu'ils le détruisoient par leur acrimonie corrosive. On a donc fait du corps humain un laboratoire de Chymie, ou un théâtre sur lequel tous les différens effets de la Chymie, les chocs, les effervescences, la paix, la génération, la destruction & les différens effets des sels opposés ont été représentés chacun à leur tour. Admirez l'adresse qu'ils ont eu dans l'examen qu'ils ont fait des différentes parties ; autant elles font variées, autant ils en ont variés les effets. Ici c'eſt une partie qui fomente par ſa douce chaleur ; là c'eſt un viſcere dont le feu violent fait la coction de quelque humeur. Dans un autre endroit, il s'y fait des ſublimations, des précipitations, &c. C'eſt ainſi qu'en variant les opérations, ils ont obtenu des formes changées en de nouveaux corps, ſans revenir aux mêmes moyens pour faire la même choſe. Ils aſſurerent néanmoins qu'avec tous ces produits ſi différens d'autant de diverſes cauſes, que tout étoit parfaitement ſemblable dans les parties mêmes des corps. Toutes ces erreurs ont été portées au point, qu'un homme, eſtimable d'ailleurs, a oſé avancer qu'il y avoit dans le corps un feu allumé, parce qu'à force de feu la Chymie a trouvé le moyen de tirer de l'urine le phoſphore d'Angleterre. Nous aurions tant de choſes de cette eſpéce à rapporter, que ce ne ſeroit pas aſſez d'un jour pour les raconter. En un mot, on ne peut voir ſans ſur-

prife des opérations chymiques, &
d'autres effets qu'on n'eft point étonné d'obferver dans cet Art, avoir été
fi bien admis en Médecine, que
tout l'Art n'en ait plus été qu'un
tiffu. A peine Paracelfe eut-il ouvert
fes Ecoles à Bâle, vers l'an 1627,
que l'on vit la Suiffe, l'Allemagne
& une grande partie de la Fance
embraffer la Médecine Chymique.
L'ingénieux Van-Helmont, inftruit
des beaux Arts, célebre par fon élo-
quence & fon érudition, quatre-vingt-
dix-fept ans après renverfa tout par
fes Ecrits, fubftitua la Médecine
Chymique à celle qui avoit été en-
feignée jufqu'alors dans les Ecoles;
au point qu'elle ne porta plus que
ce nom dans toute l'Europe. Elle fut
unanimement applaudie; on en dit
tout le bien poffible; on la regarda
comme la feule qui pût conferver la
vie & la fanté; ce fut à qui banni-
roit de la Médecine tout ce qui n'é-
toit pas chymique. Enfin dans notre
Ecole même, dans laquelle Sylvius
de Leböe profeffa la Médecine, la
Médecine Chymique y fut fi fort
variée; il fçut fi bien par fon élo-

quence, par les autorités, par l'exemple, se faire des partisans, que le grand nombre d'éleves qui en sortit avec ces préjugés en inondant toute l'Europe, il y en eut peu qui eussent des doutes sur une semblable doctrine ; & presque tous s'y abandonnerent, sitôt qu'ils virent Otto-Tachenius à leur tête la défendre avec un courage, une hardiesse & un bonheur extrêmes, dans trois Ecrits qu'il publia, & dans lesquels on ne peut assez admirer le sçavoir & le travail. On vit dans ces tems d'impéritie tout se faire dans la Nature & dans le corps humain par le moyen d'instrumens chymiques ; tous les mouvemens étoient excités, dirigés, augmentés, diminués, calmés par de semblables opérations ; tous les différens phénomènes de l'univers & du corps humain n'étoient variées que de cette façon. Enfin rien ne s'expliquoit dans ces Ecoles que par cette voie ; tous les Ecrits des Médecins furent remplis de cette doctrine. De ce que les acides rongeoient les métaux, ç'en fut assez pour imaginer dans l'estomac un acide propre à diſſoudre les alimens ; les acides enflammerent les limites eſſentielles & y produiſirent une chaleur violente ; on imagina en conſéquence que le chyle acide en ſe mêlant dans le ſang y produiſoit un effet ſemblable , & qu'il augmentoit par ce moyen la chaleur naturelle du corps ; lorſque ces effets étoient plus violens ,c'étoit là , diſoit-on ,la cauſe des fiévres ardentes. Comme le nitre, le ſel marin, le ſel ammoniac ſurtout , rafraîchiſſent l'eau, il ne peut y avoir, concluoit-on, une autre cauſe du froid qui ſe fait ſentir dans les fiévres. Le caractere des parties qui s'exhalent du vin bouillant , ſuffirent pour faire croire que c'étoit ainſi que ſe produiſoient les eſprits animaux. Comme les acides verſés ſur des alkalis entrent ſur le champ en efferveſcence, on imagina que le chyle en faiſoit autant en ſe mêlant avec le ſang des ventricules ; qu'il ſe produiſoit le même effet dans les autres vaiſſeaux & dans les ventricules des muſcles. Ce qu'il y a de plus étonnant, c'eſt que ce ridicule aſſemblage ait encore trouvé des partiſans

parmi les Géometres les plus subtiles, même après la nouvelle découverte d'Harvey. Et en effet, puisque les instrumens de la Nature &
de l'Art étoient regardés comme les
mêmes, ne devoient-ils pas produire
les mêmes effets? On fit de l'estomac une phiole hermétique, dans
laquelle l'âcreté assoupie du ferment
faisoit fermenter les alimens. Le chyle, disoit-on y devient acide, & en
sort tout bouillant; rencontre en son
chemin la bile aklaline; là il se livre
un combat singulier que le suc pancréatique vient encore agacer en s'y
mêlant: la masse alimentaire s'é-
chauffe donc de plus en plus, ses
parties opposées s'élancent avec plus
d'ardeur les unes contre les autres;
une partie est jettée par son impétuosité dans les orifices des veines
lactées, le reste à travers tous les dé-
tours de ces vaisseaux dans la masse
du sang. Arrivée-là, le combat re-
commence, les ennemis qui restoient
cachés font volte-face, tombent sur
les nouveaux venus, & il leur font
essuyer un nouvel assaut; tandis que
ceux qui étoient à la suite des fuyards

& arrêtés dans leur courfe, arrivant dans le fang, y donnent de nouvelles attaques, & l'échec effuyé ils fe difperfent dans un endroit vafte, tombent dans la premiere cavité du cœur qu'ils rencontrent, où tout furieux d'un nouveau feu qui les pénétre, ils s'envolent dans les ifthmes des poulmons, en parcourent tous les coins & recoins. Mais ce n'eft pas encore là la fin ; chaque globule difperfé fe trouve réuni avec les autres, à caufe du concours des routes par lefquelles ils s'étoient échappés ; ils tombent dans une autre cavité du cœur, où ils acquierent de nouvelles forces qui les font parcourir tout le corps & revenir au cœur pour s'y animer. Qui ne croiroit à ce récit que je tombe dans des rêveries, que je me livre à de vaines illufions, que je préfente des fantômes de l'imagination ? C'eft cependant là comment des Médecins modernes ont penfé que s'exécutoient les actions naturelles de la vie ; affez infenfés qu'ils ont été pour rejetter la doctrine des anciens qui étoit affurément meilleure & celle de plu-

fieurs

fieurs autres. Une fois donc qu'on eut imaginé cette fable, on devint en très peu de tems un fort habile homme ; mais pour peu qu'on veuille bien s'inftruire de ce que c'eft qu'acide & alkali , qu'on en connoiffe tous les phénomenes , il fera facile de comprendre fi l'un eft plus de conféquence que l'autre. Il ne refteroit plus qu'à parcourir les fupplémens , c'eft-là où on trouveroit de quoi fortifier les foibles & accabler les fous, jufqu'à ce que, tout reprenant l'équilibre , on pût combattre à force égale : c'eft ainfi qu'en trois mois on peut renverfer toute la doctrine de Sylvius & de Tachenius, qu'on a embraffée partout avec trop d'ardeur. Voilà un tableau de la Médecine chymique. Je n'ignore & ne difconviens pas qu'un grand nombre d'autres ont débité de femblables forfanteries ; mais j'ai cru que je pouvois m'en tenir à celle qui a eu plus de vogue, & qui s'eft trouvée même plus conforme au goût des Philofophes. Et en effet, quoi de plus extravagant que le caractere qu'ils attribuerent à l'antimoine, de guérir

d

toutes les maladies, par la raison, qu'é-
tant fondu avec l'or il détruit toutes
les impuretés, & chaffe tous les métaux groffiers avec lefquels il eft
mêlé ? Que pourroit-on entendre de
plus abfurde & de plus oppofé à l'expérience, que ces propriétés qu'attribue Paracelfe à fon reméde fecret,
par le fecours duquel il promettoit
une vie auffi longue que celle de
Mathufalem ; & que parvenu à ce
terme, on pourroit délibérer fi on
fouhaite vivre plus longtems ? Quoi
de plus imaginaire & de plus infenfé
que la liqueur propofée par Van-
Helmont, & préparée, à ce qu'il dit,
avec le cédre immortel du Liban,
laquelle enrichit tellement les humeurs vitales par fes vertus falutaires,
qu'en purgeant toutes les impuretés
& fuppléant aux befoins du corps
par une nouvelle recrue d'efprit,
elle conferve pendant longtems dans
toute la vigueur de la jeuneffe ?
Qu'eft-il befoin de parler ici de la
pierre de Bulter, qu'il fuffifoit de toucher du bout de la langue pour être
guéri des maladies les plus obftinées ?
de l'Artephius qui attira à lui par

une vertu électrique les esprits vi-
taux d'un jeune corps, entretenant
perpétuellement le feu vital par ses
exhalaisons médicinales, & le ren-
dant immortel comme le feu des Ves-
tales ? Ce Discours n'auroit pas de
fin si je voulois passer en revue toutes les rêveries de cette espéce, que
nous ont vantées les Chymistes ou-
trés: elles nous conduiroient trop loin
si nous voulions nous y arrêter dans
ce Discours. Ce sont cependant toutes ces absurdités, quelqu'incroya-
bles qu'elles paroissent, qui ont occupé des Médecins: ce sont ces vaines illusions qui ont troublé des personnes tranquilles, & contentes de la
médiocrité de leur sort ; c'est à d'aussi
vaines espérances que plusieurs d'entr'eux, très-sçavans & très-bons Philosophes, ont sacrifié leurs biens, leur
réputation, leur santé, leur vie. Ç'a
été comme une espece de vertige qui
en s'emparant de leurs esprits, les a
tous fait donner dans ces extrava-
gances; & cet entêtement a été au
point, qu'il n'y avoit presque plus
d'espérance de pouvoir y remédier.
La Chymie en sortant comme d'elle

même, a pourtant calmé les désor-
dres qu'elle avoit causés. Libavius,
Boyle, Bohn, & un grand nombre
d'autres, après d'exactes recherches,
ont enfin prouvé par la Chymie
seule, que les préparations de l'Art
différent de celles de la nature, &
par conséquent que les instrumens
dont se sert la nature & ceux qu'em-
ploie la Chymie, ne doivent point
être regardés comme les mêmes;
que la nature n'agit point dans l'homme par les moyens dont la Chymie
se sert pour venir à bout de ses des-
seins : ce qui fait qu'on ne doit rien
conclure de l'une au sujet de l'autre,
sans des indications parfaites. Il suit
de-là que la Chymie produit souvent
des effets qu'on n'a jamais décou-
verts dans le corps humain, ni dans
aucune autre partie de la matiere ;
qu'il faut être insensé pour inférer,
de ce qu'un corps est propre à purifier les métaux, qu'il puisse rendre
un homme tout-à-fait exemt de maladie. Tout le monde est convaincu
que la Chymie ne peut imiter les
moyens dont la nature se sert pour
fournir les matieres qui causent les

maladies, & que la vie & la santé dépendent de caufes fi différentes, fi embrouillées & fi difficiles à découvrir, que cet Art eft hors d'état d'effectuer ce qu'il promet à ce fujet. Les expériences bien faites & bien circonftanciées firent voir tout ce qui en étoit, & corrigerent toutes les erreurs qui avoient été introduites dans la Médecine par cette voie; & ces erreurs étoient telles, qu'il ne fuffifoit pas d'un bon jugement pour les déraciner, mais il falloit la Chymie elle-même. Voulez-vous que cela ne foit pas exact à la lettre? je vous l'accorderai fans peine ; pourvu que vous m'accordiez auffi que l'expérience eft le moyen le plus fûr pour faire revenir de l'erreur ; qu'il eft facile de fe corriger, fitôt que l'Art même qui fait manquer, remet dans le bon chemin. Du refte, voyons ce qui eft arrivé, & ce fera le moyen de ne nous pas tromper. Quand la Chymie commença-t'elle à être débarraffée de fes rêveries & de fes abus? ne fut-ce pas lorfque la Chymie s'éclaira elle-même ? Qui a fait revenir les Médecins du mauvais

d iij

ufage qu'ils faifoient de la Chymie?
ne font ce pas de prudens Chymiftes? Mais où apprenons-nous les vrais
ufages de cet Art révivifié? Dans la
Chymie même. Hé! malheureufement
les hommes font faits de maniere
qu'ils trouvent plus de facilité à écrire, qu'à faire des expériences; ils
fuient le travail, portent leur jugement avec précipitation. Qu'ils ont
peine à fe défaire des erreurs dont
ils font une fois entichés! Qu'il eft
difficile de bien démêler les voies
de la nature! quelles font celles qui
fervent de terme à fon action? C'eft-
là ce qui fait courir après les nouveaux & les faux paradoxes, fous
prétexte de la vérité qu'ils femblent
annoncer. Qu'un Juge corrompu fçait
mal dévoiler la vérité! Qu'il eft difficile de revenir de fes préjugés! C'eft-
là ce qui nous doit faire d'autant plus
de plaifir, de voir tous les Chymiftes
de l'Europe tendre d'une même ardeur à faire des expériences, à les
multiplier fans fe preffer trop d'en chercher la chaîne, attentifs ou inftruits
qu'ils font par le malheur des autres,
& par ce moyen fe faire autant d'hon-

neur à corriger les erreurs qu'à établir leurs sentimens. Que le succès a
parfaitement bien répondu à l'attente! Voilà donc la Chymie dans
le bon chemin, propre à un grand
nombre d'usages, sans craindre qu'elle
induise en erreur; elle est même si
essentielle, que ses préceptes rendent
plus clairvoyans sur les secrets de la
nature & de la Médecine, d'autant
qu'elle ne donne point dans les raisonnemens subtiles de la Philosophie,
qu'elle n'astreint à aucune autorité,
& qu'elle anéantit l'esprit de parti.
C'est-là l'agrément qu'ont ceux qui
la cultivent; elle est d'un très grand
usage, sans qu'on puisse craindre que
l'abus qu'on en feroit devînt nuisible.
Elle nous donne lieu d'espérer en
Physique, & elle est d'un très-grand
avantage à la Médecine: c'est elle qui
apprend à découvrir ce qu'il y a de
plus caché, à débarrasser ce qu'il y
a de plus compliqué, à développer
les vertus cachées des corps, à les
imiter, les diriger, les changer, les
appliquer, les perfectionner. Le
grand Réformateur des Sciences, le
Chancelier Bacon, dit expressément

d iv

qu'il faut faire ufage du feu pour pénétrer dans la nature; qu'il falloit
avoir recours aux machines de Dé-
dale, aux confeils de Minerve; que
la Chymie eft à la tête des Arts
qui perfectionnent l'Hiftoire Naturelle, mais qu'elle eft furtout bonne
pour la Médecine. Boyle qui paffa
fa vie à faire des expériences, qui
confacra un bien confidérable au
progrès des Arts, arrive à la gloire,
en tâchant, avec un courage qu'on ne
peut affez admirer, d'exécuter le
grand projet qu'avoit conçu Bacon.
Mais ce qui a rendu furtout la Chymie célebre, ce qui a concouru le
plus à fes progrès, c'eft l'utilité dont
elle a été aux Philofophes, ce font
les fecours qu'elle a donné à la Médecine; c'eft à elle qu'ils ont dû ce
qui leur étoit plus cher & plus précieux. Quel vafte champ à parcourir?
De quelle abondance de chofes au-
rois-je à vous entretenir? Mais l'heure s'eft écoulée, & il eft tems que je
finiffe. Je finirai par le grand New-
ton, par ce rare génie, qui femble
avoir porté la fagacité humaine à fon
dernier période, quoiqu'il ait été

affez heureux pour que perfonne n'ait
jamais été tenté de lui difputer le
premier rang parmi les Philofophes;
tout en expliquant les loix, les actions
& les forces des corps par des effets démontrés, c'eft toujours la Chymie qui lui fert d'autorité. Se fert-il
des forces découvertes pour développer d'autres phénomenes, c'eft à la
Chymie qu'il a recours? & il fait affez
voir que fans la Chymie le génie le plus
pénétrant auroit eu bien de la peine à
diftinguer le vrai caractère & les
propres forces des corps. Je crois
avoir prouvé affez folidement que la
Chymie, en corrigeant les erreurs,
nous eft devenue d'un fi grand avantage, qu'affurément on ne peut trop
applaudir aux foins généreux que
vous avez pris, Meffieurs les Sep-
temvirs, pour qu'elle fût cultivée de
plus en plus, & que la place de Profeffeur en cette partie ne reftât pas
longtems vacante après le décès de
notre Lemort, dont la diligence in-
fatigable, la dextérité finguliere que
lui avoit donné l'exercice, la grande
abondance d'expériences qu'il avoit
par devers lui, avoient rendu très-

célèbre parmi les Chymistes. Je ne
puis assez vous remercier de m'avoir
bien voulu choisir sans que je l'aie
cherché, pour remplir la place d'un
aussi grand Homme. Je ferai donc
tout mon possible pour tâcher de répondre à vos vues, de mériter les
louanges & la maniere gracieuse
dont vous vous y êtes pris pour ra-
nimer mes travaux dans cette partie.
Pour vous, belle Jeunesse, destinée
à l'étude de la Philosophie & de la
Médecine, jouissez des bienfaits dont
les Protecteurs de cette Académie
veulent bien vous combler. C'est à
leurs libéralités que vous devez ce
beau laboratoire, à la tête duquel ils
m'ont mis pour vous aider de mes
conseils, de mes lumieres, de mes
expériences, de mon travail. Je l'ai
accepté, & je ne désespere point de
faire honneur aux engagemens que
j'ai contractés, puisqu'il y a en effet
quatorze ans que j'ai commencé, après
toutes vos instances & malgré le
grand nombre d'autres occupations,
à vous enseigner la Chymie dans
cette Acadé mie, & que je n'ai dû re-
commencer ce travail qu'une fois

tous les ans : c'eſt là ce qui fait que je
me trouve peu exercé ; & je vous
avoue que je vous dois tout le courage que vous me voyez. Allons ,
mettons-nous donc en œuvre ; tâchons
de réuſſir, ayons eſpérance , le travail fera le reſte. Dieu a toujours
aſſuré une récompenſe au travail opi-
niâtre. Des dépenſes vraiment roïa-
les, les conſeils des Sages , des mains
fort exercées, des études continuel-
les, des travaux plus qu'humains, vous
ont ouvert des routes pour pénétrer
dans les ſecrets de l'Art. Jouiſſons
des travaux d'autrui ; & inſtruits par
les erreurs des autres , prenons garde
de ne nous en point laiſſer impoſer par
la fauſſe apparence du vrai. Riches
des acquiſitions d'autrui , tâchons de
les perfectionner, & de bien mériter
de la poſtérité. C'eſt-là , aimable
Jeuneſſe, ce que nous avons à faire ;
c'eſt là ce que nous pouvons exécuter.

Fin du ſecond Diſcours.

RE'FLEXIONS

*Tirées en grande partie de la méthode
indiquée par M. Boerhaave pour
l'étude des différentes parties de la
Chymie.*

IL est constant que des Sciences, des
Arts scientifiques, &c. qui ont des
objets différens, soit en traitant différens sujets, soit en traitant des mêmes sujets sous des points de vue différens, doivent fournir des connoissances particulieres & distinctes ;
qu'elles ont chacune un certain nombre de notions ou de faits ; que ces
faits peuvent être plus ou moins liés
les uns avec les autres ; que chacune
d'elles pourra avoir une maniere plus
ou moins générale d'envisager & de
traiter ses sujets : mais avec tout cela
il n'est pas moins certain que toutes
ces Sciences, que tous ces Arts étant
tous d'un même ordre, c'est-à-dire,
ne tendant tous à former qu'une mê-

me chaîne, rentreront tous les uns dans les autres ; n'auront chacun de rang & de prééminence, que par le plus de rapports qu'ils auront aux autres ; qu'il y aura toujours une espece de subordination entre toutes les Sciences qui concourent à former une Science générale ; qu'en un mot la science de la Nature n'est qu'une, dont chaque science physique forme un plus ou moins grand nombre de chaînons, que les observations & les expériences tendent tous les jours de plus en plus à rapprocher.

Or comme chaque science particuliere d'un même ordre a son langage, sa méthode & ses moyens différens ; & que c'est l'assemblage des connoissances de tous ces détails qui constitue le point de réunion de toutes ces sciences particulieres, leur centre commun, la science générale qu'elles tendent toutes à former ; il n'est pas douteux que celui qui aspire à cette science générale, n'en doive connoître tous les détails utiles & essentiels. Physiciens, dit Boerhaave, qui ne vous êtes encore occupés que des propriétés générales des corps, voulez-vous pénétrer (*res*

 R **e'** **f** **l** **e** **x** **i** **o** **n** **s**,
corporeas) dans l'intérieur de ces
corps par des voies qui ne vous
font pas encore connues , par des
mixtions, des féparations, des unions,
des révolutions, des développemens
quelconques des principes confti-
tuans, & des différentes parties les
plus fimples de ces corps ; jettez les
yeux fur les changemens de ce genre
qu'opere la Nature , & fur ceux que
les hommes à fon imitation produifent par leurs expériences ? Connoif-
fez vous tous les changemens de ce
genre qu'opere la Nature ? Venez
dans nos Laboratoires chymiques ,
venez-y réfléchir fur les mouvemens
qui s'excitent à l'occafion de l'union
& de la féparation des corps fenfibles : c'eft-là où vous apprendrez à
mieux fuivre la nature dans ces efpeces d'opérations ; où vous diftingue-
rez ce que l'Art doit à la Nature ; ce
qui n'eft que d'obfervation en ce
genre , d'obfervations confirmées par
les expériences, ou d'expérience pure ; l'étendue de la Nature , & les
limites de l'Art.

En effet, la Phyfique prife dans
un fens auffi étendu qu'on puiffe lui
donner, ne confiftant que dans l'ob-

fervation des corps, de leurs affections, de leurs mouvemens, de leurs
changemens , &c. produits par la
Nature & l'Art, & dans la connoiffance poffible des rapports qui réfultent de cette obfervation , perfonne
ne peut douter que la Chymie ne foit
une des grandes voies pour parvenir à des notions plus intimes de ces
mouvemens , &c. puifque la Chymie nous fournit de nouveaux moyens
pour fouiller dans les corps , nous
apprend à y reconnoître des parties
qui conftituent les vertus & les facultés fingulieres de chacun d'eux, &
que ce n'eft que par des opérations
& des expériences qui lui font particulieres,qu'il nous paroît jufqu'à préfent poffible d'y atteindre. C'eft là ce
qui nous fait dire que la Chymie eft
à la Phyfique des corps inorganifés,
ce que les Mifcrofcopes font à la
Phyfique des corps organifés. L'A-
natomie, la Chymie, la Microfco-
pie nous conduifent dans la recherche de l'infiniment petit des corps
organiques & inorganiques foumis à
ces recherches ; les telefcopes , les
lunettes , &c. nous élevent à la con-

noiſſance de l'infiniment grand des parties de cet Univers qui fuiroient nos ſens dépourvus de ces ſecours. Chaque ſcience a ſon département : le Phyſicien univerſel s'éleve, réfléchit ſur les faits que lui atteſtent toutes les connoiſſances phyſiques ; il compare les rapports qui en réſultent & diviſe toute ſa ſcience (la Phyſique générale) en deux Claſſes, ſous l'une deſquelles il renferme toutes les Sciences, Arts, &c. qui concourent à la deſcription des corps & des différentes parties de ces corps ; ſous l'autre, toutes les Sciences, Arts, &c. qui l'inſtruiſent des changemens, des fonctions, des mouvemens, des actions de tous ces corps ou de leurs parties.

Par tout ceci il eſt facile de ſentir quel rang doit occuper la Chymie dans ce grand Corps de Phyſique, rang dont elle doit toujours être très-flattée, puiſqu'elle y devient ſi abſolument eſſentielle, qu'on ne peut ſans elle définir ce qui convient à chaque corps, ſans un Art au moyen duquel on puiſſe compoſer divers corps, ſéparer ceux qui ſont compoſés, mouvoir d'une maniere particuliere ceux qui font en repos, arrêter ceux qui font en mouvement, & que c'eft-là précifément ce que fait la Chymie, & ce qu'elle fait d'une façon particuliere.

A voir chacun de ceux qui fe font adonnés à une fcience, en difcuter les prétentions, ne femble-t'il pas entendre cette ancienne querelle qu'eut l'eftomac avec toutes les autres parties, & qui inftruit par une expérience qui lui eût coûté cher, s'il eut fufpendu plus long-temps fes fonctions, la termina en fe difant : *moulons, puifque je fuis fait pour moudre ?* Et en effet, quélles que puiffent être les prétentions refpectives de ceux qui cultivent les Sciences & les Arts, chaque Science, chaque Art a fa place déterminée relativement aux faits qui le conftituent. Au refte, les Sciences & les Arts étant, fans en pouvoir douter, un bien dans la Societé animée, il ne paroît pas fort néceffaire de limiter la jurifdiction de ceux qui les cultivent, s'il eft vrai que les fauffes prétentions des uns & des autres dévoilent plus les bornes du génie, que les défauts de ces Sciences.

Boerhaave étoit si persuadé de l'u-
tilité de la Chymie pour la perfection
de la Physique, qu'il insiste beaucoup
sur la différence qu'il y a entre la
Physique qui n'est dirigée que par des
notions générales, & celle qui pénétre plus avant, au moyen de la
Chymie. Cet Art, disoit-il, examine
tous les corps animaux, plantes,
minéraux; il les analyse tous, il les
traite tous à sa maniere; c'est avec
des instrumens & des opérations qu'il
varie & dirige à sa façon, qu'il cherche à les connoître. Ce qui le rend
surtout recommandable, c'est qu'il
s'attache particulierement aux différens ordres de principes qui forment
les corps coercibles, les proprietés
caractéristiques de ces corps; principes & proprietés qui sont tels que les
opérations chymiques seules peuvent
les développer.

Si vous me demandez encore, continue-t-il, quels grands avantages la
Physique peut retirer de la Chymie?
j'aurois à vous répondre qu'il est bien
vrai que les notions physiques, abs-
traites de toutes les proprietés des

corps, nous apprennent à définir les corps, à en diftinguer les attributs généraux ; attributs qui à la vérité conviennent à tous les corps organiques & inorganiques, confiderés en maffes ou réduits en principes, &c. mais avec tout cela ces notions générales ne feront jamais connoître ce qui dans chaque corps le conftitue ce qu'il eft. Or c'eft ce que fait la Chymie.

Le grand Phyficien, c'eft toujours Boerhaave qui parle, doit donc non-feulement avoir ces idées générales, mais encore il doit connoître chaque corps en particulier. C'eft pour cet effet qu'il a recours à la Chymie ; c'eft-là le moyen par lequel il s'affure que les corps qui agiffent dans la Nature font différens entr'eux, & qu'ils agiffent par ce qu'ils ont de différent, non pas par les qualités générales & communes.

Ne fuit-il pas de-là que le Médecin doit fçavoir ce que chaque corps a de fingulier, ce qui lui fait produire une action différente de celle que tout autre corps produit ; que quoiqu'il fçache que tout corps eft en général, grave, mobile, &c.

& qu'en appliquant ces propriétés à chaque corps , il en puiffe à la vérité déduire l'action commune de tous les corps réfultans de ces attributs généraux; qui ne voit, dis-je, que toutes ces connoiffances lui feroient infructueufes , s'il n'en avoit de particulieres ? Que l'Arfenic , p. ex. agiffe fur le corps, il rongera la peau, l'eftomac, & tuera : mais fon poids & fes autres proprietés générales feront-elles jamais connoître pourquoi il produit de fi grands effets ? Les idées abftraités qu'on a des corps découvriroient-elles jamais pourquoi l'Arfenic & la Neige ne produifent pas le même effet ? C'eft donc à la Chymie à nous apprendre par fes expériences , en quoi confifte la vertu corrofive de l'Arfenic. C'eft-là ce qu'on appelle connoître la nature finguliere des corps ; connoiffance qu'on ne peut jamais acquérir par la notion que l'on a de leurs attributs généraux.

Cette fcience donc qui fait voir la nature finguliere d'où dépend l'action finguliere des corps, eft fans contredit une des plus utiles de la Phyfique. Et en effet, qui fçauroit fans elle qu'il y a dans la Nature un principe de mouvement tel que les corps peuvent s'affocier fi intimement fans aucune caufe extérieure , qu'aucun Art ne les peut plus féparer ? Que deux corps mêlés enfemble s'uniffent fi bien par des opérations chymiques qu'ils en forment un tout différent de ce qu'ils étoient ? cès nouvelles acquifitions découlent-elles des connoiffances des proprietés générales ou communes de tous les corps ? C'eft donc à la Chymie à nous en inftruire; c'eft à elle à nous développer la nature de l'eau , des huiles, des efprits, des fels , de la terre , &c ; & on ne doit être que trop convaincu de l'importance dont il eft de la connoître, puifque ce font-là les principaux élémens de ce qui entre dans nos corps, & d'où dépendent toutes leurs actions.

Si on ne peut affez louer Boerhaave d'avoir plus philofophé la Médecine qu'on avoit fait jufqu'à lui ; combien doit-on admirer fa maniere, lorfqu'il s'agit d'étayer des vérités effentielles? C'eft, continue-t-il, la Chymie qui nous indique comment il faut

s'y prendre pour produire certaines
actions corporelles. Que le Médecin
veuille exciter dans l'estomac un
mouvement tel qu'il puisse faire séparer les uns des autres, les liquides
qu'on y a fait entrer, soulever les
parties qui les composent les unes
contre les autres, & mettre de la
partie celles qui les environnent ; s'il
n'est Chymiste ou s'il n'a dailleurs
les connoissances chymiques nécessaires, imaginera-t-il le moyen propre à produire cet effet ? Un Médecin Chymiste au contraire parviendra sans peine à cette fin ; il prendra
une once de vinaigre distillé, cinq
gros d'esprit de Sel Ammoniac qu'il
mêlera ensemble ; il en fera boire d'a-
bord un gros, puis un autre gros,
ainsi de suite, & mettra tout en action par haut & par bas, en excitant
une espece de mouvement d'effervescence. Si nous supposons donc qu'il
fût à propos d'exciter un tel mouvement ; que ce mouvement ne pût s'exciter que de cette façon ; quel autre
science que la Chymie eût pu en fournir les moyens, soit du côté des matieres propres à les produire, soit
par rapport à l'indication ?

Appliquons le même raisonnement au Physicien. Veut-il en un clin d'œil jetter feu & flamme, lancer la foudre, imiter le tonnerre ? Qu'il prenne un gros d'huile essentielle de Girofle, qu'il verse dessus le double d'esprit de Nitre bien rectifié; sur le champ le mélange s'enflammera : qu'il mette ces liqueurs sous le récipient de la machine pneumatique, qu'il en pompe l'air, puis qu'il fasse le mélange; dans l'instant même tout le récipient sera fracassé avec un bruit terrible ? Ou auroit-il jamais eu connoissance de la maniere dont se produisent ces phénomenes, si la Chymie ne lui en eût d'abord fourni les matériaux, & qu'on ne se fût ensuite avisé de mêler ces substances? Il ne s'agit pas ici des réflexions bien appreciées qu'on auroit pu faire sur ce qui se passe en grand dans la Nature ; car peut-être ne les eût-on jamais faites si on n'eût eu occasion de les mieux sentir par le moyen de ces expériences particulieres. Boerhaave étoit donc si persuadé de la différence des connoissances que la Chymie seule pouvoit procurer, qu'il insiste beaucoup sur l'utilité de cette science. Admirable Chymie, s'écrie-t'il ? Art merveilleux qui nous apprend à exciter, quand nous le voulons, certains mouvemens particuliers ; nous les eussions ignorés sans toi ! Il est bien vrai qu'il s'excite dans la Nature des mouvemens intestins, des digestions, des fermentations, des effervescences, &c; mais la Chymie nous met, pour ainsi dire, si près de ces mouvemens au moyen des matieres qu'elle nous fournit pour les imiter, que la Physique la regardera toujours comme un de ses plus beaux yeux. S'il arrivoit donc jamais que le Physicien dépourvu des connoissances chymiques, & que le Chymiste sans être Physicien, philosophassent chacun à leur maniere, tout iroit mal. Un Physicien & un Chymiste de cette espece, qui dans ce cas ne font que partie d'un grand corps dont ils ne voient pas, ou sont supposés ne pas voir tout l'ensemble, doivent être sans effervescence ; sentir qu'ils sont essentiels, & ne pas se perdre dans des raisonnemens dont ils ne peuvent entrevoir la chaîne. Ainsi il ne seroit pas étonnant que des Physiciens ficiens de cette espece ne citassent pas dans leurs Ouvrages ni Sthal ni Becker, & réciproquement ; chacun s'occupant ou ne devant s'occuper que de donner à son sujet autant d'extension qu'il en peut être susceptible, sans en sortir. C'est aux Physiciens qui ont la Philosophie plus étendue, qui voyent mieux tout l'ensemble de la Nature, pour lesquels un mouvement qui ne rentre point dans les loix ordinaires n'est qu'un Phénomene, de remarquer quels effets sont relatifs & de même ordre, pour constater chaque cause.

Boerhaave donne encore plusieurs autres exemples pour confirmer l'utilité de la Chymie. Nous les omettons ici, vû le grand nombre qu'il en a rapporté dans ses Elémens. Il indique ensuite les ouvrages dans lesquels les Etudians peuvent puiser toutes les connoissances chymiques qui leur sont essentielles ; car il est un des premiers qui ait consideré la Chymie dans le vrai point de vûe sous lequel la Médecine en peut retirer de plus grands avantages. Ainsi si quelques Chymistes lui refusent les éloges qui lui sont

dûs en cette partie , il en est assuré-
ment bien dédommagé par ceux des
grands Médecins & des vrais Philosophes. C'est sans doute la clarté & la
simplicité avec lesquelles il a traité la
Chymie qui ont fait dire à M. de Fon-
tenelle , que quoiqu'il eut tiré la Chymie des ténebres mystérieuses où elle
se retranchoit anciennement & d'où
elle se portoit pour une science unique qui dédaignoit toute communi-
cation avec les autres , il sembla
qu'elle ne se rangeoit pas bien encore sous les loix générales de la
Physique, &c; mais que M. Boerhaave
l'a réduite à n'être qu'une simple Physique claire & intelligible ; il a rassemblé , continue-t-il , toutes les lumieres acquises depuis un tems, &
qui étoient confusément répandues
en mille endroits différens, & il en a
fait, pour ainsi dire, une illumination
bien ordonnée, qui offre à l'esprit un
magnifique spectacle. Il faut avouer
cependant que dans cette Physique
ou Chymie si pure & si lumineuse, il
y admet l'attraction , & pour agir
avec plus de franchise que l'on ne fait
assez souvent sur cette matiere , il re-

connoît bien formellement que cette attraction n'est point du tout un principe méchanique.

Dans le premier Chapitre de sa méthode pour étudier la Chymie. Il indique les Auteurs qui ont particuliérement traité de cet Art, tels son le Févre, Lemory, Morley, Barkusen, à l'occasion duquel M. Haller admire la bonté de Boerhaave de ne pas laisser de citer l'ouvrage de cet Auteur, quoiqu'il fût son ennemi. On peut voir aussi, ajoute M. Haller, les Traités en ce genre, de Sthal, Rohte, Malouin, Junken, Maets, Le Mort, Wilson, Wedel, Junker, Boerhaave, Neumann, Kuntant, Elsholz, Grimon, Ettmuller, Bamer, Srtav, Burghart, Macquer, Schulze, Gontard, Kunkel, Becker, &c.

Dans le second Chapitre il conseille, après avoir étudié les opérations Chymiques, de lire les Auteurs qui ont enrichi cet Art d'experiences rélatives à la Physique & à la Médecine. Boyle, Kunkel, Neri, Grew, Homberg, Geoffroy, Starkey, Tachenius, sont, selon lui, des Auteurs à préferer dans cette partie ; M. Haller fon Commentateur y joint Van-Helmont, Sthal, les Hofmann, Herkele, Pott, Glauber, Vigan, Starkey, Freind, Beccher, Hiæne, les Godfrey, M. le Comte de la Garaye, Sala, Potier, Rolfink, Langelott, Morley, Democritus, Pott, Mangolds, &c.

Après avoir confulté tous ces Auteurs, refte, dit-il dans le troifiéme Chapitre, à s'attacher à la connoiffance de ceux qui fe font propofés de corriger quelque partie de la Médecine, autant que la Chymie peut l permettre. 1. Ceux qui ont traité chymiquement du Sang, font, Boyle, Barbatus, Van-Helmont, Tachenius, Baufche, Vieuffens, Ifaac Hollandus, Verheyen, de Heyde, Baglivi, Hoffmann, Homberg, Jurin, Freind, Pircarne, Brouwne Langrizh, Thomas Schwencke, &c. 2. Boyle, Bellini, Willis, Van-Helmont, Lemery, Hoffman, Comiers, Elsholz, Cohaufen, Froben, Godfrey, Hankewitz, Homberg, le Févre, du Fay, Helot, Bern. Albinus, Hales, Lobbs, Stachelin, Brendel, Leheman, &c. ont analyfé & examiné l Urine de différentes manieres. 3. La

matiere de la Sueur a aussi été l'objet
des recherches de Tachenius ; la Bile,
de celles de Bohn , Verheyen , Sylvius , Baglivi , Van-Helmont , Dei-
dier , Alersius della Fabra , Duhamel , Homberg , Hofmann , Vieuf-
sens, Drelincourt , Pechlin , Leonice-
nus ; la Salive a été examinée par
Nuck , Baglivi , de Heyde , Drelincourt ; le Suc Pancréatique par Brun-
ner , &c. 4. Je ne connois pas , continue Boerhaave , aucuns Auteurs qui
ayent appliqué les connoissances chymiques aux parties solides du corps,
quoique la Chymie fasse voir qu'elles font uniquement composées de
terre sans aucun mélange des principes ; puisque si on ôte exactement
tous les liquides qui font dans l'os,
l'os reste encore dans son entier; auf-
si n'est-il plus composé que de terre,
comme cela se constate par les os qui
ont resté long-tems à la pluie , à la
rosée, au vent, au soleil , dans les
cimetieres ; si on analyse des os de
cette espece il n'en sort rien , contre
ce qu'en a parlé Matthæus, qui en écri-
vant fur la résolution chymique du
crâne humain, conclut après en avoir

tiré par ce moyen différens principes,
que le crâne eft compofé de tous ces
principes. Pour nous , nous fçavons
que ce font les différentes liqueurs
qui arrofent l'os , d'où ces principes
proviennent. Son Commentateur M.
Haller n'eft pas tout-à-fait du même
fentiment ; car après avoir indiqué ,
Slare , Geoffroy , Carl , Langrish ,
Barchufen , Neumann , Pepin fur
l'analyfe des os, il ajoute, qu'on en tire
beaucoup de fel alkali , d'huile em-
pyreumatique , d'efprit , &c. comme
du fang ; que tous ces principes fervent de colle pour unir & lier les particules terreufes , & qu'on peut conf-
féquemment les regarder comme parties conftituantes des os. Hinling a
fait l'analyfe du cerveau.

Comme Boerhaave nous manque
ici, continue M. Haller , parce que
les Cayers defquels on a tiré cette
méthode n'étoient peut-être pas com-
plets, nous ajouterons qu'on peut conf-
fulter Sthal , Pott, Geoffroy , Homberg , Kunftel , Rothe , Cramer , &c.
fur les métaux en général ; Homberg,
Sthal fur l'or ; Homberg , Geoffroi,
Bolduc , Lemery , Boerhaave fur le

Mercure ; Henkel , Homberg ſur l'argent ; Sthal, Geoffroy, Reaumur, Charas , Petit , de la Condamine , Morel, Lemery, Hellot, Malouin, Kunſtel, Neumann, Hoffmann, ſur les différentes préparations du fer ; Sthal, Geoffroy , Froben, Godfrey, Duhamel, Groſſe, Navier, Lemery, Baſile Valentin, Kerkring, Lamy, Meuder , Homberg , Detharding ; Hinke Teichmeyer , Hundertmark, Kunſtel, Wandelin , Albert , &c. ſur l'Antimoine & quelques Foſſiles de cette eſpece ; Strumpt , Junker , Abergen, Ettmuller, Sthal, Teich-meyer, Mauchart, Neumann, Browne, Grew, Amand, le Févre, Homberg, Lemery , Bourdelin , Geoffroy ſur les Sels ; Pott, Henkel, Duras, ſur les Pierres, Vedel, Homberg, Geof-froy, le Févre, Sympon, Sthal, Lemor, Bernouilli, des Amontons, Lemery, &c. ſur les végétaux.

Il ne nous reſte préſentement qu'à donner une idée ſuccinte de ſes Elé-mens de Chymie.

Ces Elémens ſont diviſés en trois parties. Nous ne rendrons compte ici que des deux premieres , que l'on donne au Public. Il est question dans la premiere des differens noms de cette science, à l'occasion desquels, après avoir passé en revûe dans les différens sens dans lesquels on a employé le mot *Chymie*, l'Auteur conclut que ce terme signifie quelque chose de caché, de mysterieux ; mais qu'il sçait bien développer tous ces mysteres par la simplicité & la clarté avec lesquelles il en fait voir les divers objets! Et malgré la grande étudition qu'il étale dans l'exposition des Auteurs tant anciens que modernes qui en ont traité, on distingue toujours cet esprit de méthode qui sçait présenter les choses les moins attrayantes dans le point de vue le plus favorable. Les Alchymistes marchent à la tête, suivent les Auteurs qui ont écrit sur la pratique de l'Art ; sur la Métallurgie, sur l'Alchymie, sur la Chymie appliquée à la Médecine & à la Physique ; tout cela est diversifié d'anecdotes particulieres, tant sur les Auteurs que sur l'Alchymie, sur l'origine de la Chymie Médicinale, ses succès, &c.

La seconde partie renferme dans un ordre admirable & d'une maniere

très-précife les principes les plus certains de la Chymie après l'avoir dé-
finie : les différens corps fur lefquels
travaillent les Alchymiftes, fçavoir,
les minéraux, les végétaux & les animaux, fe préfentent tous à la file les
uns des autres ; & comme parmi les
minéraux, les métaux ont le premier
rang, l'or, l'argent, le cuivre, l'étain
le fer, le plomb, le Mercure; ils y font
d'abord indiqués par leurs fignes,
puis diftingués les uns des autres par
leurs différens caracteres, & à leur
fuite fe trouvent les véritables fondemens de leur tranfmutation. Suivant
les différentes efpeces de Sels & l'expofition de leurs principes, les fou-
fres, les pierres, les demi-métaux,
qui y font tous indiqués par des caracteres affez diftinctifs pour donner
une idée générale de leur mixtion.

Après la définition des végétaux
& tous les détails qui éclairciffent une
définition, fe trouve une belle def-
cription de la maniere dont les Plantes
tirent le fuc de la terre, le changent
en leur fubftance, & l'employent au
développement de leurs branches, de
leurs feuilles, de leurs fleurs, de leurs

femences, &c. c'eft après ces beaux
détails que l'Auteur conclut que la
diftillation, la fomentation, la putréfaction & la combuftion changent fi
fort la conftitution particuliere d'une
Plante, que c'eft en vain que certains
Chymiftes promettent de faire voir
féparées des autres, ces parties des
végétaux qui contiennent toute la
vertu particuliere de chaque Plante.

Viennent enfuite les animaux ; ils
y font définis, leurs efprits, leur eau,
leur fel, leurs huiles, leur terre, en
un mot, les élémens de leurs corps
y font examinés, fi bien qu'il s'enfuit
par forme de conclufion, qu'il y a
une très-grande conformité entre les
élémens des animaux & des plantes,
au point qu'il femble que les premiers
font faits de la matiere des derniers.

Jufqu'ici il n'a été queftion que de
l'objet de la Chymie dans les trois
regnes de la nature ; l'Auteur entre
donc dans le détail des changemens
que la Chymie peut opérer fur tous
les corps ; tous ces changemens, dit-
il, ne fe font que par le feul mouvement, & ce mouvement n'a d'autre
fin que de joindre ou de féparer, c'eft-

à-dire, ou de joindre enfemble plufieurs chofes fimples, en forte qu'elles faffent un compofé, ou de divifer un compofé en plufieurs chofes fimples, mais ces opérations ne font jamais fi parfaites qu'elles puiffent réduire les corps compofés en leurs élémens, puifqu'en réuniffant de nouveau ces élémens chymiques, il en réfulte fort rarement un compofé femblable à celui d'où on les a tirés. L'efprit Recteur des végétaux y eft développé, & quoiqu'il foit, ajoute-t-il, en très-petite quantité, il ne laiffe cependant pas que d'être actif. Les métaux & les autres corps ont auffi leur efprit Recteur; toutes ces difcuffions font terminées par l'expofition des quatre claffes principales des productions Chymiques.

La connoiffance de la Chymie eft d'un grand fecours à la Phyfique & à la Médecine, l'Auteur le montre par plufieurs exemples ; & pour ce qui concerne la Médecine, il prétend que fans les lumieres de la Chymie, on ne fçauroit en bien entendre toutes les differentes parties, pour expliquer les caufes, la diverfité, les effets de la dépravation des humeurs. La partie qui traite des signes des maladies, a autant de besoin qu'une autre des connoissances chymiques; c'est ce que l'Auteur prouve avec une clarté telle qu'il n'est pas possible de ne pas adhérer à son sentiment. De quelle utilité n'est-elle point lorsqu'il s'agit du choix des élémens, & surtout quand il est question de guérir des maladies? Voyez tout ce qu'en dit l'Auteur. Il passe de-là aux avantages qu'en retirent les Arts, la Peinture, l'Art de peindre sur verre, la Teinture des étoffes, la Verrerie, l'Art d'imiter les pierres précieuses, la métallurgie, la guerre, la magie naturelle, la cuisine, l'Art de faire les vins & autres boissons, celui de la transmutation des métaux; après plusieurs réflexions générales qu'il fait sur l'Art de transmuer les métaux & sur les Auteurs qui ont traité de l'Alchymie, il laisse entrevoir que, quoique la recherche de la pierre Philosophale soit très-difficile, cette découverte n'est néanmoins pas impossible. Il parle ensuite des agens qu'employent les Chymistes pour leurs opérations.

Comme le feu eſt le premier de ces
agens, il s'attache d'abord à en examiner la nature & les principes. C'eſt
là où l'Auteur parmi un grand nombre d'expériences tant nouvelles que
répetées, diſtingue tous les attributs
du feu les uns des autres ; quels ſont
ceux qui le manifeſtent d'une maniere
à ne s'y pas tromper, quel eſt ſon
aliment, &c. C'eſt là où après avoir
démontré qu'il y a du feu partout,
il fait voir d'une maniere fort ingé-
nieuſe que le Soleil ne nous envoye
aucune matiere ignée, & que toute
ſon action ne conſiſte qu'à diriger en
lignes droites paralleles le feu qui eſt
ici bas. En un mot, il a rapproché
dans ce Traité tant de Phénomenes
Phyſiques, qu'il a laiſſé hors de doute
que le feu eſt un des principaux agens
de l'Univers. On peut juger du degré
de perfection auquel il avoit porté
cette matiere, par le grand nombre
de Traités ſur le feu qui ont paru depuis, la plûpart n'étant que des Extraits du ſien, ou ne nous apprenant
que très-peu de choſe de plus.

    Le feu tire toute ſa force de l'air ;
M. Boerhaave examine donc la na-

ture de cet agent. C'eſt ſelon lui un
ſecond inſtrument univerſel, qui excite le feu, met en mouvement les animaux, les végétaux & les foſſiles;
après avoir un peu inſiſté ſur les difficultés qu'il y a de le connoître, il
conſidere ſa fluidité, la ſubtilité de ſes
parties, leur attraction réciproque,
la facilité avec laquelle elles ſe mêlent
avec d'autres corps; ſa peſanteur, les
effets du poids de l'atmoſphere; ſes
effets en tant que fluide & peſant, ſon
élaſticité, ſa raréfaction, ſa conden-
ſation; les corpuſcules qui y ſont contenus, d'où il a déduit ſes proprietés
ſurprenantes, & prend occaſion de
parler des roſées, des pluies, des
fontaines, des ruiſſeaux, des riviéres,
des fleuves, de la glace, de la neige,
de la grêle, de la foudre & du tonnerre. Il examine enſuite les effets de
l'air élaſtique & humide ſur le corps
humain, les végétaux & les foſſiles;
il revient aux autres parties qui ſont
dans l'air, à propos de quoi il remarque qu'il contient quelque choſe
de tout-à-fait ſalutaire & néceſſaire à
la vie des animaux & des Plantes, &
que cet aliment n'a pas été juſqu'à

préfent bien développé. Il ajoute
quelque chofe d'important fur la partie élaftique de l'air, il en démontre
par des expériences l'adhérence aux
corps folides, fluides, & à lui-même;
qu'il y a dans l'eau de l'air élaftique;
qu'il eft renfermé dans la fubftance
même de l'eau & de toute autre liqueur, qu'il y rentre quand on l'en
a tiré, &c.

L'eau eft auffi un inftrument dont
fe fervent des Chimiftes. L'Auteur
en donne un Traité particulier. L'eau
eft, dit-il, très difficile à connoître.
Il la définit & il fait voir qu'elle n'eft
jamais feule, que fa fluidité dépend
uniquement du feu, que cette fluidité
n'eft pas fufceptible d'augmentation,
que fes élémens font très-petits &
immuables, qu'ils ne font pas flexi-
bles ni fufceptibles de compreffion,
que par conféquent l'eau eft très-fim-
ple, très douce, & par-là même ano-
dine; qu'elle a la proprieté de diffoudre les fels, les corps favoneux,
l'air, les corps terreux, les gommes,
&c. qu'elle s'infinue dans les pores
des corps & en augmente leur poids.
Il expofe enfuite ce que c'est que

l'eau de fontaine, de riviere, l'eau dormante, & il prétend que la glace eſt l'état naturel de l'eau, que ſe dégelant elle devient un diſſolvant & le véhicule des alimens. Il fait voir qu'elle contribue auſſi à la formation des foſſiles, que ſa vapeur eſt très-active, qu'elle ne ſe change point par le tems, &c.

Ce Traité eſt ſuivi de celui de la terre que l'Auteur définit & dont il explique la définition. La plus parfaite ſelon lui, eſt celle qu'on a par la diſtillation de l'eau ; il y en a par-tout, dans les animaux, les végétaux, les foſſiles. Il donne les moyens de la tirer de ces différens mixtes, & il en déduit différens corollaires ſur la maniere dont la terre entre dans leur compoſition.

Vient à la ſuite le Traité des menſtrues ou des diſſolvans. Il les définit & les diviſe en menſtrues ſecs avant la diſſolution, en menſtrues ſecs après la ſolution, & en menſtrues fluides. Il en examine l'action, ſi cette action eſt plus une ſuite de l'attraction que de la répulſion ; la maniere dont les menſtrues agiſſent ; & il en conclut qu'ils n'agiſſent que par un ſimple mouvement, que ce mouvement eſt rarement méchanique, ce qu'il confirme par diverſes expériences. Suit une autre diviſion des menſtrues, tirée de leur maniere de diſſoudre, & l'expoſition des cauſes diſſolvantes qui concourent dans les menſtrues, d'où il conclut que les fluides diſſolvent méchaniquement les corps les plus durs, en obſervant que la ſeule force méchanique ne ſuffit pas, qu'il y a même des menſtrues qui agiſſent par une force particuliere. La maniere dont l'eau & les menſtrues aqueux, les huiles & les menſtrues huileux, les menſtrues alkalis & acides dits ſpiritueux, les ſels neutres, &c. agiſſent ſur les ſur les corps qu'ils diſſoudent, tout cela y eſt développé d'une maniere fort claire & très-étendue. Mais l'Auteur inſiſte particulierement ſur l'alkali ou menſtrue univerſel. Après avoir analyſé les Auteurs qui en ont parlé il en examine le nom & l'étymologie, les ſynonymes; quelles ſont l'origine de ce diſſolvant, les vertus, ſon immutabilité, ſa volatilité, & tout ce qui concerne l'alkali, d'une maniere à jetter fur cette matiere autant de jour qu'elle en peut être fufceptible.

Cette feconde Partie enfin eft ter-minée par un Traité des Vaiffeaux & des Inftrumens néceffaires dans un Laboratoire.

ELEMENS

TRAITÉ

DE

CHYMIE,

DE M. BOERHAAVE.

HISTOIRE DE L'ART.

L A CHYMIE s'appelle *Du nom de* en Grec Χημία ou Χημεία. *l'Art.* Ce nom est si ancien qu'on croit qu'il a été en usage dès avant le Déluge.

C'est au moins là sûrement ce qu'a cru Zosime de Panopolis; ce qui paroît clairement par un passage de ses œuvres, qui n'ont pas été publiées, & dont le Manuscrit Grec a deja été connu de George Agricola en 1550; ensuite Scaliger & Olaüs Borrichius l'ont lû dans la Bibliothéque du Roi de France.

Tome I   A

Cet Auteur (*a*) dit expreſſément que les Démons pour récompoſer les Filles des Hommes des faveurs qu'ils en avoient reçues, leur enſeignérent un art qui s'appelloit (*b*) Chymie. C'eſt-là le ſens du Texte qu'a lû Joſeph Scaliger, & qu'il a inſeré dans les notes qu'il a faites ſur Euſebe pag. 243. 258. n. 38. & qui a été auſſi rapporté par Borrichius contre Conringius pag. 49. Voici le paſſage. (*c*) *Nos ſaintes lettres nous apprennent, ô femme, qu'il y a une ſorte de Démons qui vivent familiérement avec les femmes. Hermès en a auſſi fait mention dans ſa Phyſique,*

(*a*) Dans le livre intitulé : Χρῆσις Σωσίμε τ̃ πανοπολίτε φιλοσόφε ἐκ τ̃ πρὸς Θεσέβειαν ἐν τῆ θ τ̃ Ἰμὺθ βίϐλω.

(*b*) Χημίαν καλεῖαϑ.

(*c*) Φάσκεσιν αἱ ἱεραὶ γραφαὶ, ἤτοι βίϐλοι, ὦ γύναι, ὅτι ἔςι τι δαιμόνον γᾶνΘ, ὁ χρῆται γυναιξίν. ἐμνημόνδυσε καὶ ἑρμῆς ἐν τῖς Φυσικοῖς καὶ χεδὸν ἅπας λόγΘ Φανερὸς καὶ ἀπόκρυφΘ τ̃τ̃ ἐμνημόνδυσεν. τ̃το ὖν ἔφασεν αἱ ἀρχαῖαι, καὶ θεῖαι γραφαι, ὅτι ἄγγελοι ἐπεθύμησαν τ̃ γυναικῶν, ἡ καθελθόντες ἐδίδαξεν αὐτὰς τὰ τῆς Φύσεως πάντα ἔργα, - - - ἐςιν ὖν αὐτῶν ἡ πρώτηπαράδοσις ΧΗΜΑ περὶ τύτων τ̃ τέχνον, ἐκαλεσαν ἢ ταύτην τὴ βίϐλον ΧΗΜΑ, ἔνθεν ἡ ἡ τεχνη ΧΗΜΙΑ καλεῖται.

& il en est parlé dans presque toutes les sciences, tant dans celles que l'on communique au vulgaire, que dans celles que l'on tient cachées. Voici donc ce que nous disent les Ecrivains anciens & sacrés, c'est que les Anges devinrent amoureux des femmes, qu'ils descendirent vers elles, & qu'ils leur enseignérent tous les ouvrages de la nature --- La premiere science qu'ils leur laisserent par tradition á cet égard fut appellée ΧΗΜΑ. Ils donnerent aussi le même nom de ΧΗΜΑ au Livre qui la renfermoit, & c'est de-là que la Chymie a tiré son nom de ΧΗΜΙΑ. Cette ancienne fiction vient de ce qu'on a mal entendu ce que dit Moïse, Genes. IV. 6. On a conclu de ce passage que les fils de Dieu étoient des Démons composés d'une ame & d'un corps, mais que ce corps n'étoit qu'apparent comme est la figure qu'on voit dans un miroir, ou comme on s'imagine qu'est un Phantôme ; que ces Démons savoient tout, qu'ils conversoient avec les hommes, qu'ils aimoient les femmes, qu'ils entrete-noient commerce avec elles, qu'ils leur reveloient des secrets, & qu'ils

A ij

apparoiſſoient aux hommes. Comparez là - deſſus ce qui eſt dit, Luc. XXIV. 37. 39. & Matthieu XIV. 26. C'eſt peut-être de-là auſſi qu'eſt venue la fable de la Sibylle (d) qui, pour récompenſe de ſon amour, reçut d'Appollon le don de Prophétie, qui la mit en état de découvrir aux hommes la volonté & les conſeils de Dieu. Tel eſt l'eſprit de l'homme, lorſqu'il eſt dans l'incertitude il ſe forme des fictions, il s'y livre avec plaiſir, & dans la ſuite il les regarde avec vénération.

De plus, dans les anciens tems, l'Egypte a été appellée de ce même nom ; témoin Plutarque dans ſon Traité d'ISIS & d'OSIRIS p. 364. C. où il dit que parce que *la terre d'Egypte eſt extrêmement noire, & comme le noir des yeux, on l'appelle* ΧΗΜΙ'Α. On l'appelloit auſſi ἐγυ-χήμιος comme l'obſerve Etienne de Byſance ſur le mot αἴγυπτος. Et remarquons que, ſuivant Bochart, le mot Χημᾶ ſignifiè en Arabe *cacher*.

(d) Σίβυλλα, c'eſt-à-dire dans le Dialecte Eolique, Σιὸ pour Διὸ βύλλα, ou βυλη, le Conſeil de Dieu.

Si l'on réflechit avec attention fur tout cela, on trouvera qu'on a prétendu, que ce nom a deja été en usage dans les tems qui ont précedé le Déluge, qu'on a continué de s'en servir dans la suite, & qu'alors on l'a employé pour désigner

1. La connoissance des Ouvrages de la nature (e).

2. Le livre qui renfermoit cette science.

3. L'on se convaincra aussi que c'est dans le même sens qu'Hermès s'en est servi dans sa Physique.

Je viens de dire que ce nom, si si on l'écrit ΧΗΜΑ signifie *cacher* suivant Bochart. Et si le mot de χημία signifie le noir de l'œil, ou quelque chose de très-noir, comme le veut Plutarque, dans l'endroit que nous avons cité, ces deux significations ne différent pas beaucoup pour des gens qui écrivent d'une maniere hiéroglyphique ; car par la prunelle de l'œil ils entendent quelque chose de caché, de précieux.

Cela paroît sur tout si l'on fait réflexion que dans ce même pays

(e) Διδασκαλία πάντων τῶ τ Φύσεως ὄργων.

6   **T R A I T É**

d'Egypte, qui est appellé la terre de Cham dans l'Ecriture Sainte (*Pseau. CV*), le Dieu qui y étoit adoré s'appelloit Ἀμῦν : mot qui signifie quelque chose de caché, suivant Manethon de Sebenit. Voyez Plutarque dans ce même *Traité d'Isis & d'Osiris* pag. 354.

Samuel Bochart nous apprend aussi que ce même pays est encore appellé aujourd'hui par les Coptes, la *Terre de Cemi*.

Concluons-de-là que ce mot signifie quelque chose de caché, d'occulté, de mystérieux, de secret. La science à laquelle il est applicable, s'appelle indifféremment *Chemie, Chymie, Alchymie, Alkumie,* (f) *Art Spagirique & Hyssopique,* qui sépare le pur d'avec l'impur.

Les premiers qui ont employé ce mot, s'en sont servis pour désigner toute la science des ouvrages de la nature.

Ainsi ce mot dont le sens étoit très - pur dans son origine, a reçu dans la suite une signification toute

(f) En grec χημᾶ, χημία, Ἰμύθ, ποιητική.

oppofée ; l'ignorance de bien des gens eft caufe que le même accident eft arrivé au mot de *Magie*.

Or comme les métaux forment la plus grande & la plus belle partie de ce qu'on appelle les productions naturelles ; de-là eft venu que ce mot a défigné la *Métallurgie*.

Et cette derniere fcience a été auffi très-cultivée par les hommes qui ont vêcu avant le Déluge : car Tubal-Cain , qui eft le véritable Vulcain des anciens , fils de Lamech & de Zillah , le huitiéme homme après Adam , fut fi bien préparer le cuivre & le fer qu'il en forma des uftenciles (*Genef.* IV. 22).

Et cependant pour que le cuivre foffile , tel qu'on le tire de la mine , devienne propre à quelque ufage , il demande beaucoup d'art & de travail : il faut le fondre une douzaine de fois pour le bien rendre ductile fous le marteau ; comme nous l'apprenons d'Agricola & d'Erker.

Ces deux grands Maîtres de l'art nous apprennent encore , qu'il faut une grande dextérité & beaucoup de travail pour mettre le fer dans l'état

A iv

où il doit être pour être utile aux hommes.

Par-là on comprend que l'origine de la Chymie métallurgique est très-ancienne, aussi bien que son nom.

L'Asie est le premier en droit où la Chymie Métallurgique a été cultivée. Le pays, où il est remarqué qu'elle a été cultivée avec le plus de soin, est celui qui a été habité par les premiers hommes, comme l'histoire de Tubal - Cain le prouve (*Genes.* IV. 22.), & cela surtout si on la compare avec les fables & les histoires que les anciens rapportoient de Vulcain, qui est le même que Tubal-Cain (*Voss. Id. g. 1. 56.*). Le nom même de l'art semble le prouver par son origine, comme je viens de le faire voir.

Ensuite l'Egypte. De-là, comme de sa source, cet art commença à se répandre de la même maniere que tous les autres, & passa d'abord en Egypte qui étoit le pays le plus voisin. Là on s'y appliqua avec beaucoup de soin. Moïse qui avoit été instruit dans toute la science des Egyptiens, (*Actes des Apot.* VII. 21.) connut le secret de reduire l'or en poudre par le moyen du feu, & de le rendre potable en le mêlant avec de l’eau (*Exod.* XXXII. 20). Ce qui eſt une des principales opérations de l’art, & qui n’eſt pas même connue à préſent par ceux qui y excellent le plus. Vulcain fils de Jupiter & de Junon, fut le premier qui regna en Egypte ; il fut adoré comme un Dieu, après ſa mort, pour avoir trouvé le feu. (*Diodor. de Sicile* L.), ou plutôt pour s’en être ſervi le premier à travailler les métaux : c’eſt ce que le même Diodore nous apprend expreſſément. *On dit*, remarque cet Auteur, *que Vulcain a été l’inventeur de tous les ouvrages de fer, de cuivre, d’or & d’argent, & de tous les autres qui ſe font par le moyen du feu. Que c’eſt lui qui a découvert tous les autres uſages du feu, & qui les a enſeigné aux ouvriers & à tous les autres hommes.*

Il y a plus, l’Egypte même a été appellée χημία dans le langage ſacré des Prêtres (*Plutarq.* ISIS ET OSIRIS. 364. C.) & ἑρμοχήμις (*Etienne Byſant. ſur le mot* αἴγυπτ.).

Ce dernier Auteur nous apprend encore que ce même pays a été hom-

A v

mé Ἡφαιςία, ou Vulcanie. Le grand
Scaliger assure que l'art dit χημία,
étoit appellé Ἰμὺθ, quoique dans le
Livre intitulé *Minerva Mundi*, &
qui est tiré de Stobée, il soit dit
Ποιητικὴς τ' Ἀσκλήπιον τ' Ἰμὺθης (*Conring. h. m. c. III.*), c'est-à-dire,
qu'*Asclepius fils d'Imouth a été l'Auteur de la Chymie*; car il faut entendre la Chymie par le mot ποιητικὴ
(*Reinef. var. lect. lib. II. c. V.*).

Il est certain que Vulcain a eu des
Prêtres à Memphis (*Herod. II. 3*).
Qu'on y avoit bâti en son honneur
un magnifique temple, (*Herod. II.
99.*) orné de Vestibulus (*Id. Ib. 102.*)
& d'Images (*Id. Ib. 176. III. 37.*)
Et que son symbole dans ce temple
étoit un Vautour (*Voff. Id. g. III.
537.*) qui est un Oiseau de proye.
Zénon dit encore que *Jupiter est
appellé Vulcain à cause que son pouvoir s'étend sur le feu artificiel* (*Diog.
Laërt. VII. 147.*). Et l'origine du
nom Grec Ἥφαιςος, qui est celui de
Vulcain, prouve la chose, car ce
mot vient de τὸ ἧδθαι qui signifie être
allumé, être embrâsé. Horace, si
fertile en Epithètes ingénieuses, pa-

roît être de ce sentiment quand il dit

---- *dum gravis Cyclopum*
Volcanus ardens urit officinas,
Od. I. 4. *v.* 7

Plaute avoit dit dans le même sen
avant lui (*Amphit.* I. 1. 158.).

Quo ambulas Tu, qui in cornu
conclusum geris ?

Tout cela semble prouver que cette partie de la Chymie, qu'on nomme Métallurgie, a été fort cultivée par les anciens Egyptiens principalement. Et à cet égard, je ne crois pas qu'il puisse rester aucun doute sur l'antiquité de notre Art, non plus que sur son nom.

Longtems après ce nom commença à être employé pour désigner cet Art, par lequel on prétendoit tirer de l'or très-pur de tous les autres métaux, soit en les changeant véritablement, soit en leur donnant le dégré de maturité nécessaire, ou par quelque méthode singuliere de séparation, inconnue au vulgaire.

Ensuite les Arabes qui s'attacherent principalement à cette science, changeant un peu son nom, l'appellerent *Alchemie* dans le sens que je

A vj.

viens d'indiquer ; & ſuivant un autre Dialecte ils la nommerent *Alchymie.*

    Suidas, qui a vêcu dans le dixié-
me ſiécle, dit (ſur le mot Χημεία ,)
que Dioclétien , qui régna pendant
les vingt dernieres années du troiſiéme ſiécle depuis la naiſſance de Jeſus-
Chriſt fit rechercher tous les Livres
qui avoient été écrits ſur cet Art,
& ordonna qu'on les jettât au feu ,
parce que les Egyptiens ſe diſpo-
ſoient à quelque révolte contre l'Em-
pire Romain. *La Chymie , dit cet*
Auteur , ou l'Art de faire l'argent &
l'or. Diocletien ayant fait rechercher
les Livres qui en traitoient , comman-
da qu'on les brûlât, parce que les Egyp-
tiens ſe revoltoient contre lui. Il les
traita ſans pitié & avec beaucoup de
cruauté quand il fit la recherche de ces
Livres , qui avoient été écrits par leurs
ancêtres , ſur la Chymie de l'or & de
l'argent ; il les fit brûler afin que cet
Art n'enrichît pas d'avantage ces peu-
ples , & que la confiance dans leurs
richeſſes ne les portât plus à s'oppoſer
aux Romains.

    Ce même Auteur , ſur le mot δῆπας.

reprend la chose de beaucoup plus
haut ; il dit fort hardiment & bien
positivement, que *la Toison d'Or ,
qui fut enlevée par Jason & par les
Argonautes , qui traverserent le Pont-
Euxin pour entrer dans la Colchide ,
n'étoit autre chose qu'un Livre écrit sur
du parchemin , & qui enseignoit la
méthode de faire de l'or, par le moyen
de la Chymie.* Si Suidas avoit appuyé
cela sur quelque bonne autorité , on
en pourroit conclure que cette science
a été connue treize siécles avant J. C.
c'est-à-dire avant le tems des Argonautes, & que ce fut l'envie de l'apprendre qui porta ces derniers à cette pénible & dangereuse expédition.
Cependant on auroit toujours lieu
d'être surpris du silence qu'ont gar-
dé là-dessus Moïse, les écrivains sacrés, Sanchoniaton, Orphée, Ho-
mere, Héfiode, Pindare, Hérodote,
Thucidide , Hippocrate, Aristote,
Théophraste, Dioscoride, Galien,
Pline : car quiconque est un peu au
fait de leurs écrits ne sauroit discon-
venir que le but qu'ils se proposoient,
le sujet qu'ils traitoient , les connoissances qu'il avoient, les tems

dans lesquels ils écrivoient, que tout cela, dis-je, ne dût les engager à faire quelque mention de cette science.

La difficulté n'est pas entiérement levée par le passage de Pline (XXXVI. 26.) où il est parlé d'un verre flexible, ou par un endroit de Dion Cassius (LVII. *pag.* 617.) qui dit que ce secret ne plut pas à Tibere à qui on avoit présenté un semblable verre : elle n'est pas levée non plus par ce que dit encore Pline dans un autre endroit (XXXIII. 4.), c'est que l'Empereur Cajus tira par le moyen du feu, un peu d'or excellent d'une très - grande quantité d'orpiment. Cela ne prouve autre chose sinon que dans ce tems-là on étoit deja fort entendu dans l'art de la verrerie, & dans l'art d'essaïer les métaux.

Elle est cependant ancienne, surtout parmi les Théologiens Grecs.

Il faut cependant avouer que Julius Maternus Firmicus, au commencement du quatriéme siécle, a parlé (III. *Mathes.* LV.) de la science de l'Alcyhmie comme d'une chose très-connue ; si au moins nous avons le véritable texte de cet Auteur.

Enée de Gaza, qui vivoit sur la

fin du cinquiéme siécle, parlant du même sujet, comme d'une chose commune, nous dit dans son *Théophraste*, ou dans son *Traité de l'immortalité de l'ame*, que ceux qui entendent cet art, prennent de l'argent & de l'étain, dont ils détruisent parfaitement la nature originale, & qu'ils changent ensuite en un or très-pur (*Biblioth. Patr. Vol. 2. p. 373*).

Anastase le Sinaïte, cinquante ans après, suivant Vossius (*Id. G. I. pag. 25.*), ou plutôt sur la fin du septiéme siécle, comme Fabricius le soutient avec plus de vraisemblance (*Bibl. Gr. V. pag. 313.*): Anastase, dis-je, s'exprime plus positivement quand il joint les Chymistes avec ceux qui fondent l'or, & ceux qui font des pierres (g);

Enfin George Syncelle, dans le septiéme siécle, a fait un Traité exprès sur cette Science.

D'abord après lui on vit fleurir plusieurs Auteurs Alchymistes; leurs

____

(g) Οὐ γὰρ δὴ χρυσοχόους ἡμᾶς, dit cet Auteur, κ᾽ λιθεργὺς κ᾽ χημευτὰς, χρυσο-κολλήτων λίθων ἀπεργάζεσθ᾽, ἡ γραφὴ βελτ-μένη, κ᾽ παιδεύεται ταῦτα φησίν.

ouvrages Manuscrits qu'on trouve à
Rome, à Venise, à Paris, font assez
voir par l'Idiome Grec dans lequel ils
font écrits dans quel siécle ils ont vêcu, & leur stile fait juger qu'ils étoient
Théologiens. On trouve un Catalogue de ces Ouvrages qui n'ont pas
encore été imprimés, dans Borrichius & ailleurs. (*Voyez de Herme-
tis Ægyptiorum & Chemicorum sa-
pientia. pag. 78.*)

Auteurs qui ont écrit sur l'Alchymie, ont été des Chrétiens Grecs.

Voici ce Catalogue (*b*).

Catalogue de ces Auteurs.

*Synesius le Phylosophe sur le Livre
de Démocrite.* Fabricius a rapporté
ce Traité tout entier dans sa *Bibl.
gr. L. V. cap. 22. pag. 232. Gr. &
Lat.*

Il y a encore dans la Bibliothéque
de l'Académie de Leide, un Traité
de cet Auteur sur la Pierre Philosophale.

*Zosime le Grand, le Divin, le
Panopolitain,* c'est-à-dire, *de Pano-*

(*h*) Voici le même Catalogue de ces
Auteurs & de leurs Ouvrages dans la
Langue originale.

Συνέσιος Φιλόσοφος εἰς Βιβλίον Δημοκρίτου
Σώσιμος ὁ μέγας ὁ θεῖος, ὁ πανοπολίτης,
- - - Ἰμὲθ πρὸς θεοσέβειαν - - - Σωσίμου τοῦ πα-
νοπολίτου γνησία γραφὴ, περὶ τῆς ἱερᾶς καὶ θείας

polis ville d'Egypte. Il a écrit XXIV.
Livres de Chymie adreſſés à ſa Sœur
Theoſebia. En voici le Titre, *Les*
véritables Ecrits de Zoſime le Pano-
politain ſur l'Art ſacré & divin de
faire l'or & l'argent. Il y a encore un
autre ouvrage de lui, *Zoſime, des*
Inſtrumens & des Fournaux.

Olympidiodore d'Alexandrie.

Héliodore, ſur l'Art de faire l'or.

Jean, Grand Prêtre du Dieu qu'on
adore dans la ſainte Cité, ſur l'Art
ſacré.

Etienne Philoſophe d'Alexandrie, ſur
l'Art ſacré & divin de faire l'or. On
voit le Manuſcrit de cet Auteur dans
la Bibliothéque de l'Académie de
Leide.

Orus. Ses Ouvrages Chymiques.
Sophar en Perſe.

τέχνης ᾧ χιύσα, κ̀ ἀργυρίκ ποιίσι᾿ & Σώ-
σιμ᾿ τᾶει ὀργάνων, κ̀ καμινων,
᾿Ωλυμπιόδωρ᾿ ὁ Ἀλεξάνδεινος.
῾Ηλιόδωρ᾿ τᾶει χρυσοπιήεν᾿,
᾿Ιωάννης Ἀρχιερύς, ᾧ ἐν ἁγίᾳ πόλ, τᾶει
ᾶ ἁγίας τέχνης.
Στέφαν᾿ ὁ φιλόσοφ᾿ ἀλεξανδρᾶις οἰκο-
νομινὸς τᾶει ᾶ ἱερᾶς ᾱκ θείας ᾧ χρυσῦ ποιήσι᾿.
Ωρος. Χημδιλικά.
Σοφὰρ ἐν περσίδι.

Hermès, connu dans le sixiéme siécle & cité par Zosime.

Dioscurus Prêtre du grand Sérapis à Alexandrie.

Ostanès d'Egypte, à Petase, sur l'Art divin & sacré.

Moïse le Prophéte sur la composition chymique.

Marie la Juive.

Pelage le Philosophe, sur l'Art divin & sacré.

Porphyre.

Epibuchius, ou Epibêchius.

Comarius Philosophe & Grand-Prêtre, enseignant à Cléopatre l'Art divin & sacré de la pierre Philosophale.

Cleopatre femme du Roi Ptolomée.

Ἑρμῆς.

Διόσκυρος ὁ ἱερεὺς μεγάλε πρὸς Πετάσιον περὶ τ̃ ἱερᾶς κὴ θείας τέχνης.

Μώσης προφήτης περὶ χημευτικῆς συντάξεως.

Μαρία Ἑβραῖα.

Πελάγιος φιλόσοφος περὶ τ̃ θείας, κὴ ἱερᾶς τέχνης.

Πορφύριος.

Ἐπιβύχιος, ου Ἐπιβήχιος.

Κομάριος φιλόσοφος, κὴ ἀρχιερεὺς, διδάσκων τὴν Κλεοπάτραν τὴν θείαν κὴ ἱερὰν τέχνην τ̃ λίθε τ̃ φιλοσοφίας.

Κλεοπάτρα ἡ γυνὴ Πτολεμαίε τ̃ βασιλέως.

La même, *sur les poids & les mesures.*

Explication de l'Art de faire l'or, par Cosmas Jeromonachus.

Agathodemon. Ses Commentaires sur l'utile d'Orphée.

Ouvrage du Philosophe Pappus.

Le Roi Heraclius.

Méthode de Salmanas l'Arabe.

Chrétien sur l'Eau divine.

Le Philosophe Theophraste sur l'Art divin.

Le Philosophe Archelaüs sur l'Art divin.

Claudien.

Serge.

Un Philosophe anonyme sur la Chymie.

La même, περὶ σαθμῶν κỳ μέτρων.

Κοσμᾶ ἱερομονάχε ἑρμηνεία τ̄ χρυσοποιίας.

Ἀγαθοδαίμων εἰς τ̄ χρητιμὸν Ὀρφέως συναγωγὴ, κỳ ὑπόμνημα.

Πάππε Φιλοσόφε ἔργον.

Ἡρακλέῳ ὁ βασιλεύς.

Σαλμανᾶ Ἄρκεῳ μέθοδῳ.

Χριστιανος περὶ τ̄ θείας.

Θεόφραστος Φιλόσοφος περὶ τ̄ θείας τέχνης.

Ἀρχέλαος Φιλόσοφος περὶ τ̄ θείας τέχνης.

Κλαυδιανῳ.

Σέργιῳ.

Ἀνεπίγραφος Φιλόσοφος περὶ χημείας.

Michel Pfellus fur l'Art de faire l'Or. Il a vêcu fous Conftantin Du-cas, 1060 ans après Jefus-Chrift. (*Borrich.* 76.)

La Prophéteffe Ifis à fon fils Orus.

Ouvrage Chymique par Blemmidas.

Nicephore.

Le Livre de Démocrite dédié à Leu-cippe.

La Phyfique occulte par Démocrite.

Le Phylofophe Jerothée fur la Pierre philofophale.

Le Moine Ifaac. Comment on peut trouver la méthode de faire l'argent.

Sur tous ces Auteurs Alchymiftes Grecs, on peut confulter en parti-culier *André Libavius* dans toutes fes œuvres, mais fur-tout dans ce qu'il a écrit contre *Guibert Conring. de Med. Herm. pag.* 21. jufqu'à la 31. *Borrich.*

Μιχαὴλ ψέλλος πεεὶ χρυσοποίας.

Ἴσις πεοφῆτις τῷ ὑῷ ὥεῳ.

Βλεμμίδας ἔργον χημευτικον.

Νικέφορ☉.

Δημοκρίτυ Βίβλος πεοφωνηθεῖσα λευκήπῳ.

Δημόκριτς Φυσικὰ κὰ) μυςικά.

Ἱεεόθι☉ Φιλόσοφ☉ πεεὶ λίθυ τ Φιλοσό-φυ.

Ἴσαακ Μόναχ☉, ᾬς δῖ εὑρίσκειν μεΘοδοι ἀεγύρυ.

Ort. Ch. 97. & contre *Conring.* depuis la page 66. jufqu'à la 95. *Jean Albert. Fabricius* dans divers endroits de fa *Bible. Gr.* & le Catalogue de la Bibliothéque de l'Acad. de Leide.

On ne peut qu'être furpris quand on apprend que l'incomparable George Agricola a connu tous ces Auteurs. Il avoit déja écrit & achevé avant l'année 1550. fon excellent ouvrage intitulé : *De Re métallica,* dont Erafme a fait un fi bel éloge. Dans la préface qu'il y a mife, il cite par ordre prefque tous ces Ecrivains que je viens de nommer. Pour ne laiffer aucun doute là-deffus, je vais traduire ici mot à mot fes expreffions. *Parmi ceux qui ont écrit fur la Chymie* (χυμευτικά) *dit-il, les plus fameux font Ofthanès, Hermès, Chanès, Zofime d'Alexandrie à fa Sœur Theofebia, Olympiodore auffi d'Alexandrie, Agathodèmon, Démocrite, non pas l'Abderitain, mais un autre, Orus Chryforichitès, Pebichius, Comerius, Jean, Apulée, Petafe, Pélage, Africanus, Théophyle, Synefius, Etienne à Héraclius Céfar, Héliodore à Théodofe, Geber, Calidès*

Rachaidibus Veradianus, Rhodianus Canidès Merlin, Raimond Lulle, Arnaud de Villeneuve, Augustin Pantheus Vénitien ; il y a trois Femmes Cléopatre, la Vierge de Taphnut, Marie la Juive. Tous ont écrit en prose ; le seul Jean Aurelius Augurel de Rimini a écrit en vers.

Ce qu'on entendoit par l'Alchymie. Cependant tous ces Auteurs que je viens de citer, ont donné le nom de Chymie à l'Art de convertir les métaux les moins précieux en or pur; il ne paroît pas même qu'ils ayent pensé à la médecine universelle, à ce reméde qu'on dit bon pour toutes les maladies du corps humain. Voyez *Conring. de Med. Herm.* 15. 16.

La Chymie médicinale doit son origine à l'obscurité du langage des Chymistes. Mais que les Arabes eurent commencé à cultiver la Chymie, prise dans le sens que j'ai décrit jusqu'ici, c'est-à-dire, en tant quelle comprend la Métallurgie & l'Art de faire l'or, leur langage toujours métaphorique & hieroglyfique, fut cause vraisemblablement qu'on appellât ce qu'ils employoient pour perfectionner les métaux, des médicamens : qu'on nommât les métaux impurs des Hommes malades : & qu'on dît, que l'or étoit un homme sain & robuste. Cela porta bien-tôt les ignorans à s'imaginer qu'il falloit entendre ces expressions à la lettre ; surtout quand ils lisoient, que l'impureté des plus vils métaux étoit appellée une lèpre, du nom d'une maladie qui est plus incurable que toute autre.

On croit que c'est là l'origine du bruit qui se répandit, & qui alla toujours en augmentant ; c'est que par le moyen du même instrument Chymique on pouvoit transformer les métaux impurs en or, & rendre la santé aux malades.

C'est cet instrument qu'on appella la Pierre Philosophale, le présent d'Azoth ; & on donna le nom d'Adeptes à ceux qui le possedoient.

Des expériences très-simples & en petit nombre contribuérent beaucoup dans la suite a fortifier ce préjugé ; parce que par la Chymie on découvrit dans les remédes des propriétés salutaires. Razes en avoit donné quelques exemples, & Avicenne, dans l'onzième siécle, avoit fait la même chose à l'égard du julab des Arabes, ou de l'eau distillée de roses dans son Livre intitulé de *Viribus Cordis :* Mesve en fit autant dans la suite.

Voici les principaux Auteurs qui ont écrit sur ce sujet. Geber, surnommé l'Arabe, mais que Léon l'Africain dit avoir été Grec. Il fut premiérement Chrétien, ensuite il changea de Religion, il écrivit en Arabe, il vécut dans le septiéme siécle. Ses ouvrages ont été publiés par Golius, traduits en Latin par différens Auteurs. Voyez *Leon Af.* L. III. p. 136. *Conr. h. m.* 369. 372. 373. Entr'autres ouvrages il a écrit (i)

Sur l'Alchymie, ou Chymie, ou sur la Recherche de la perfection des métaux.

Sur le plus haut dégré de la perfection des metaux.

Sur la clarté de l'Alchymie.
Sur la Pierre Philosophale.

(i) De Alchimia vel Chimia, aut de investigatione Perfectionis Metallorum.
De summa Perfectionis Metallorum.
De claritate Alchimiæ.
De Lapide Philosophico.
De Testamento.
De Epitaphio.
De invenienda arte auri & argenti.

Sur

Sur le Testament.

Sur l'Epitaphe.

Sur la maniere de trouver l'Art de faire l'or & l'argent.

Morienus Romanus, Hermite de Jerusalem a écrit fort élégamment sur ce secret, & on le compte au nombre des Auteurs les plus purs. Ses ouvrages ont été traduits de l'Arabe en Latin en 1182. 11. de Février.

Albert le Grand étoit Allemand, il nâquit à Lavingen en Souabe environ l'an 1200. Il devint Evêque de Ratisbonne. Il a écrit (a)

Un Traité sur les minéraux.

Le Lis de la Fleur arraché des épines.

Le Miroir de l'Alchymie, sur la composition de la Pierre &c. Voyez *Borellus.*

Roger Bacon, Anglois; il étoit Moine de Westminster, il demeuroit à Oxford. Il se rendit fameux par sa Science en Alchymie, en Chymie, en Magie naturelle, en Mécanique,

(k) De Mineralibus.

Lilium floris de floris evulsum.

Speculum Alchemiæ de compositione Lapidis, &c.

Tome I.B

en Métaphysique , en Physique & en Mathematiques ; il fut célébre environ l'an 1226. Entre les ouvrages qui nous restent de lui il y a (a)

Deux Traités *sur la Chymie*, écrits dans un stile assez coulant, & sans affectation d'obscurité.

Le Miroir de l'Alchymie. Il y a encore de lui un autre Traité qui porte le même titre, qu'on peut voir en manuscrit dans la Bibliothèque de l'Académie de Leide, & qui est différent de celui qui est imprimé.

Le Tresor Chymique.

Sur les secrets de l'Art, & les ouvrages de la Nature, & sur la nullité de la Magie. Miroirs Mathématiques.

Ses écrits sur l'*Art de la Chymie* imprimés à Francfort en 1603. 12. contiennent plusieurs belles observations sur les Mécaniques, sur la Magie naturelle , & sur differens Arts, qu'on a mal à propos attribué à des modernes, & qu'on a faussement accusé de

(l) De Chemia.
Speculum Alchemiæ.
Thesaurus Chymicus.
De secretis Artis, atque Naturæ operibus, & de Nullitate Magiæ. Specula Mathematica.

Magie & d'Héréſie. Voyez *Borich.* *Ort. Ch. pag.* 122. & *Borrellus.*

George Ripley, Anglois, Chanoine de Bridlington, a vêcu à peu près dans le même tems; il a écrit (*a*) *Les douzes portes. La Moëlle Chymique. Un Cours d'Alchymie,* en Vers Anglois: on en trouve le Manuſcrit dans la Bibliothèque de l'Académie de Leide. Toutes ſes œuvres ont été imprimées à Caſſel en 1649. 8°.

Hermeſius le Philoſophe. Il a écrit un Commentaire ſur le (*b*) *Mercure des Philoſophes.* On en voit auſſi le manuſcrit dans la Bibliothèque de l'Académie de Leide.

Arnaud de Villeneuve, qui a vêcu dans le treiziéme ſiécle. Il a écrit (*o*) *Le Roſaire. Le Nouveau Teſtament*

(*m*) Duodecim Portæ. Medulla Chymica. Alchymia.

(*n*) De Mercurio Philoſophorum.

(*o*) Roſarium. Teſtamentum novum practicum. De Alchymia. Semita Semitarum. Roſa novella. Novus ſplendor vel lumen. Flos Florum. De Furno Philoſophico. De Secretis Naturæ. De nova compoſitione Lapidis vitæ Philoſophorum. De Principiis naturalibus. Opus in Arte majore.

B ij

pratique. *Sur l'Alchymie. Le sentier des Sentiers.*

La Rose nouvelle. Lettre au Pape Pie.

La nouvelle Splendeur, ou la Lumiere. La fleur des fleurs. Du fourneau Philosophique. Des secrets de la Nature. De la nouvelle composition de la Pierre de vie des Philosophes. Des Principes naturels, au Pape Clément. *L'œuvre dans le grand Art.* Tous ces Traités sont en Manuscrit dans la Bibliothèque de l'Academie de Leide.

Raimond Lulle, de Majorque, descendant d'une famille originaire de Barcelone, né l'an 1235. Il fut disciple d'Arnaud de Villeneuve, & mourut en Afrique l'an 1315. Il est un des premiers Auteurs qui ait écrit sur le Remède Universel, pour toutes les maladies du Corps humain & sur la Pierre Philosophale, dans son Traité *De la Quinte - Essence.* Voici la liste de ses ouvrages. (a)

____

(p) De Secretis Naturæ, seu Quintâ Essentia, & de Accurtatione lapidis Philosophorum. Codicillus seu vade mecum, de formatione Lapidum pretiosorum. Clavicula de L. P. Testamentum, Apertorium. Epis-

Traité sur les secrets de la Nature, ou la Quinte-essence, & sur le Racourcissement de la Pierre Philosophale. Codicille, ou livret portatif, sur la formation des Pierres précieuses. On en voit les Manuscrits dans la Bibliothèque de l'Académie de Leide. *La Clavicule de la Pierre Philosophale. Le Testamment. Le passe-par-tout. Quelques Lettres à Edouard Roi d'Angleterre. La Lumiére des Mercures. Traité sur le Mercure. Le grand Miroir. Le dernier Testament. Une lettre à Robert Roi d'Angleterre. Aphorismes. Lettre sur les Raccourcissemens. Sur la découverte du Secret caché. Exemples de Raccourcissement.* Tous ces Manuscrits se trouvent aussi dans la Bibliothèque de l'Académie de Leide. On dit que cet Auteur a écrit jusqu'à 60. Volumes sur la Chymie.

Jean de Rochefendue, Moine Franciscain, mourut dans une prison environ l'an 1375. Il a compo-

torium. Epistolæ ad Edoardum Regem Angliæ. Aphorismi. Epistola accurtationum. De investigatione occulti secreti. Exempla accurtationis.

fé divers Traités fur l'Alchymie. Voyez *Conr. H. M. & Borellus.* Paracelfe dit de cet Auteur qu'il a écrit bien des chofes ridicules & fauffes.

Ifaac Hollandus, & Jean Ifaac Hollandus, originaires de Stolk, petite Ville de Hollande. Ils ont donné différens ouvrages fur l'Alchymie où l'on trouve plufieurs expériences tout-à fait fingulieres. Ils ont auffi écrit, (a) *Sur la Pierre Philofophale. La Science de la Chymie. Sur la projection infinie. Sur les Minéraux, & fur la véritable Métamorphofe des Métaux. Sur le Vin. Sur les Végétaux,* & autres chofes.

Bafile Valentin. On dit communément qu'il a été un Moine de l'Ordre des Bénédictins à Erffurt ; quoique l'on affure qu'il n'y a jamais eu de Couvent de cet Ordre dans cet endroit, & que l'un & l'autre de fes noms femble avoir été tiré du Grec & du |Latin. Quoiqu'il en foit ; ce qu'il y a de vrai, c'eft qu'il a été un

(q) De Lapide Philofophorum. Scientia Chimiæ. De Projectione infinita. De Mineralibus, & vera Metallorum Metamorphofi. De Vino. De Vegetalibus, &c.

très-habile Artiste dans toute les différentes branches de la Chymie. On
en a une preuve suffisante dans le seul
traité qu'il a donné sous le titre (a)
de *Char de Triomphe de l'Antimoine.*
On trouve exactement décrites dans
cet ouvrage presques toutes les opérations Chymiques, qu'on vante fauffement aujourd'hui comme de nouvelles découvertes. Il a aussi donné
des marques d'un profond savoir dans
ce qu'il y a de plus difficile dans l'art.
Sa plus grande faute a été de recommander toutes les préparations de
l'antimoine pour leurs vertus médicinales : il ne se peut rien de plus mal
fondé, de plus faux, de plus perni-
cieux : & c'est là cependant une erreur qui a infecté dans la suite toutes
les Ecoles des Chymistes, jusques à
présent. Au reste, il paroît par les
écrits qu'il étoit Théologien & Médecin ; sa science lui acquit une grande réputation dans les Cours de divers
Princes. On croit qu'il a fleuri un
siécle avant Paracelse. Il est l'inventeur des trois principes Chymiques,
dont Paracelse a fait dans la suite un

(r) Currus triomphalis Antimonii.

B iv

ſi grand uſage. Il a écrit pluſieurs ouvrages d'un ſtile aſſez diffus, & dont quelques - uns roulent ſur des ſujets de médecine.

Les Chymiſ- tes & les Al- chyſtes deve- nus Médecins.

Après que les cinq derniers Auteurs, qui viennent d'être nommés, eurent publié leurs ouvrages, le ſentiment, dont j'ai parlé, ſe répandit de tout côté parmi les Chymiſtes; c'eſt qu'à l'aide d'un médicament Alchymique, on pouvoit déraciner entierement toutes les maladies du corps humain, lui rendre une ſanté parfaite, & prolonget la vie pendant une longue ſuite d'années, ſans qu'elle fût ſujette à aucune incommodité.

Le ſuccès de leur Art leur inſpire de la vanité.

Ainſi enflés d'eſperance & fiers du ſuccès de quelques violens remèdes tirés de la Chymie, ils prétendirent bientôt qu'il n'y avoit aucune partie de la Médecine qui pût ſe paſſer d'eux.

Sur tout celui qu'ils eurent dans la guéri- ſon des mala- dies vénérien- nes par le mercure.

Et auſſi dans ce même tems la Médecine, qui ne conſiſtoit preſque que dans les ſubtiles fixions des écoles, & dans un jargon vuide de ſens, étoit devenue deja depuis longtems, entierement galénique & ſoumife uniquement à la doctrine des Arabes. Ainfi n'employant que la faignée, la purgation, & un petit nombre de remèdes qui avoient quelque efficace, elle fut hors d'état de dompter les maladies vénériennes qui commençoient alors à faire beaucoup de ravage, & elle fut obligée par-là de ceder aux remèdes violens que fourniffoit la Chymie, ce qui augmenta les trophées de cette derniere fcience. Carpus en fe fervant du vif-argent l'emporta fur tous les Scolaftiques.

Par-là la condition des anciens Médecins fembloit être reduite à un état très-fâcheux : car après s'être donné beaucoup de peine pour bien connoître la nature de l'homme, dans la vue de découvrir par ce moyen l'origine & la maniere de guérir les maladies, ils voyoient que tout ce qu'ils avoient découvert avec tant de travail fur les caufes, les fignes, les prognoftics, l'expofition, & la guérifon des maladies, étoit condamné par des fiers Alchymiftes, qui fans faire attention à la maniere de vivre, non plus qu'à la caufe &

B v

à la nature du mal, prétendoient chasser toutes les maladies par la seule application d'un seul & même remède.

Cependant ils tiennent peu.

Mais quoique cette erreur extravagante eut d'abord grand nombre de partisans, à cause de sa nouveauté ; en l'examinant plus mûrement dans la suite on en découvrit toute la vanité & tout le danger.

C'est ce que la vie & les écrits de Paracelse & de Van-Helmont nous apprennent clairement, comme on peut le conclure de leur propre témoignage.

Histoire de Pasacelse, tirée de ses propres Ecrits.

Auréole, Philippe, Paracelse, Théophraste, Bombast, de Hohenheim, étoit fils de Guillaume Hohenhein, homme savant, Licentié en Médecine, mais qui ne se distingua pas fort par sa pratique. Il avoit une très-belle Bibliothèque, & étoit fils naturel d'un Maître de l'Ordre Teutonique.

Celui dont nous parlons nâquit en 1493. dans un Village appellé Einsilden. (mot qui signifie un désert) à 2 milles d'Allemagne de la Ville de Zurich en Suisse. Il tira de-là le surnom d'Hermite, qu'Erasme lui donna dans une lettre qu'il lui écrivit.

On dit qu'à l'âge de trois ans un porc lui arracha les testicules, & que depuis lors il a toujours passé pour eunuque : ce qu'il y a de vrai, c'est qu'il s'est conduit partout en ennemi déclaré des femmes, & cependant son portait tiré d'après nature le représente avec la barbe. Instruit fidélement par son Pere Guillaume dans la Médecine & dans la Chirurgie, il y fit de grands progrès. Ayant témoigné dès sa jeunesse beaucoup de goût pour l'Alchymie, son Pere le fit étudier sous Tritemius, Abbé de Spanheim, homme fameux dans ce tems là. Après qu'il eut appris de lui plusieurs secrets, il le quitta pour s'attacher à Sigismond Fugger, de Schwartz, qui faisoit alors de grandes dépenses en Allemagne, & employoit bien des gens pour perfectionner la Chymie, qu'il enrichissoit tous les jours par de nouvelles découvertes.

Et c'est là, comme il le confesse lui-même, qu'il apprît la Théorie &

la pratique de l'Art Spargirique.

Il dit qu'ensuite il eut le bonheur de rencontrer & d'étudier sous tous les plus grands Maîtres de son tems dans la Philosophie des Adeptes : ils ne lui cacherent rien ; ainsi il apprit d'eux tous leurs secrets.

Cependant n'étant pas encore content de ses progrès ; il fit le tour de toutes les Académies d'Allemagne, d'Italie, de France, d'Espagne, pour se pousser toujours plus dans la Médecine : il vit aussi la Prusse, la Lithuanie, la Pologne, la Walachie, la Transylvanie, la Croatie, le Portugal, l'Esclavonie ; en un mot toutes les Nations de l'Europe, & par tout il se faisoit un devoir d'apprendre les meilleurs remedes & les plus certains : il s'adressoit pour cela aux Médecins, aux Barbiers, aux vieilles femmes, aux prétendus Sorciers, aux Chymistes, aux Nobles, aux Roturiers ; il consultoit indifféremment tous ceux de qui il pouvoit apprendre quelque chose.

Il puisa dans les ouvrages de Basile Valentin la doctrine des trois élémens, le sel, le souffre & le mercure, qu'il publia enfuite comme étant de lui, en fupprimant le nom de fon véritable Auteur.

A l'âge de vingt ans, faifant le tour des différentes mines d'Allemagne, il alla jufqu'en Ruffie : fur les frontieres il fut pris par des Tartares, qui le conduifirent à leur Cham, qui l'envoya avec le Prince fon fils à Conftantinople : & ce fut là qu'à l'âge de vingt-huit ans on dit qu'il parvînt à avoir la Pierre Philofophale.

Il exerça auffi fort fouvent l'employ de Chirurgien & de Médecin dans divers camps, batailles, & fièges.

Il eftimoit fort Hippocrate & les anciens Médecins, & il ne faifoit aucun cas des Docteurs Scolaftiques : furtout il ne pouvoit pas fouffrir les Arabes.

Il faifoit fréquemment & hardiment ufage des remèdes préparés avec le mercure & l'opium ; & ce fut par eux qu'il guérît la lèpre, les maladies vénériennes, la gale, les hydropifies légères, les douleurs aigues ; maladies incurables par les Médecins de ce tems-là, qui ignoroient la for-

ce du vif - argent, & qui crai-
gnoient mal à propos l'opium, comme une drogue froide au quatriéme
dégré.

*Il est le pre-
mier Profes-
seur Alchy-
miste.*

Il devint hardi & fameux en même tems par la guérison de ces maladies, surtout depuis qu'il eût guéri
Froben à Bâle ; ce qui le fit connoître à notre grand Erasme, & le rendit agréable aux Magistrats de cette
Ville, qui lui adresserent une voca-
tion, avec de bons appointemens,
pour une chaire de Professeur en Médecine & en Philosophie, dans leur
Université. Il accepta cet employ
en 1527, & il donna tous les jours
des leçons publiques pendant deux
heures, en Latin, & plus souvent en
Allemand.

Il travailla alors à publier ses ouvrages *sur les compositions, sur les
degrés & sur le tartre*, où l'on trouve une grande diffusion, & peu de
choses utiles, au jugement de Van-
Helmont. Ce fut dans cette ville
qu'il brûla publiquement en chaire
les livres de Galien & d'Avicenne.
Il disoit à ses Auditeurs qu'il étoit résolu de consulter même le Diable si

Dieu ne vouloit pas l'aider.

Il se fit dans ce même endroit un grand nombre de disciples, avec lesquels il vêcut en fort bonne amitié. Il y en eut trois auxquels il fournit, à ses propres dépens, l'habillement & la nourriture, & à qui il enseigna quelques secrets ; mais ceux-ci abandonnerent leur Maître, écrivirent des injures contre lui, & firent usage, sans aucun discernement, des observations qu'il leur avoit communiquées, & cela au grand préjudice des malades qui tomboient entre leurs mains. Il nourrit encore chez lui des Chirurgiens & des Barbiers, auxquels il revela aussi certains secrets ; mais ceux-ci l'abandonnerent de même, & devinrent ses ennemis. Les seuls de ses disciples qu'il loue comme lui ayant été véritablement attachés & fidèles, sont le Docteur Pierre, le Docteur Corneille, le Docteur André, le Docteur Ursin, le Licentié Pangrantius, & le Maître Raphaël. Après qu'il eût exercé la charge de Professeur pendant deux ans, il guérit avec trois pillules de son Lodanum un noble

Chanoine , nommé Lichtenfeſſius ;
tellement affoibli par des violentes
douleurs d'eſtomac , qu'il avoit été
abandonné par les Médecins. Le
Chanoine , comme c'eſt aſſez la coutume des malades , ayant promis même ſans qu'on le lui demandât , de
lui donner cent louis d'or s'il lui
rendoit ſa premiere ſanté , refuſa de
lui tenir parole lorſqu'il fut guéri ,
diſant en badinant qu'il ne lui avoit
donné que trois pillules de crottes de
ſouris : pour cela il fut cité en ju-
ſtice par Paracelſe. Les Juges , ſuivant les loix de leur ville , firent
moins attention à l'habilité du Médecin , qu'à la dépenſe & au travail
qu'avoit demandé ſon rémède ; ainſi
ils ne lui aſſignerent qu'une très-mo-
dique récompenſe. Paracelſe irrité
accuſa , ſuivant ſa coutume , les Juges d'ignorance & d'injuſtice , & s'é-
tant rendu par-là , coupable en quelque façon de lèze-majeſté , il fut obligé de ſe retirer promptement chez
lui , & de ſortir enſuite ſecrétement
de la ville , par l'avis de ſes amis ,
en laiſſant tous ſes inſtrumens de
Chymie à Jean Oporinus. Il ne s'é-

loigna pas beaucoup : il fut errant dans l'Alſace pendant deux ans, accompagné d'Oporinus qui lui tenoit lieu de Domeſtique : il fut pendant tout ce tems auſſi heureux dans ſes cures, que débordé dans ſa conduite. C'eſt ce que nous apprend Zwinger (*Theatr.* 1422.) qui vêcut dans ce même tems à Bâle, & qui entendit ſouvent l'hiſtoire de la bouche d'Oporinus.

Cet Oporinus qu'il avoit pris pour qu'il l'aidât dans ſon travail & qu'il lui ſervit de domeſtique, étoit un homme de réputation, qui entendoit bien ſon Grec & ſon Latin. Attiré par la vaine eſpérance de ſavoir les ſecrets de Paracelſe il courut le païs avec lui pendant deux ans, mais ſans en rien apprendre, quoiqu'il eut abandonné ſe propre famille à ſa conſideration ; enfin ennuié de ce genre de vie, & devenu ſage, mais trop tard, il quitta Paracelſe pour révenir à Bâle.

Voici comment la choſe ſe paſſa. Parecelſe fut appellé un ſoir auprès d'un Païſan très - dangereuſement malade, à une petite diſtance de

Colombière en Alsace : cependant ne voulant pas quitter une compagnie de Païsans, avec lesquels il commençoit à boire, il renvoya la visite du malade. Le lendemain matin étant entré chez lui, il demanda d'un air sévère si le malade avoit deja pris quelque chose ; il vouloit lui donner de son lodanum : ceux qui étoient présens répondirent qu'il n'avoit rien avalé que le Sacrement, étant sur le point d'expirer. La-dessus Paracelse indigné répondit, puisqu'il a fait venir un autre Médecin, il n'a pas besoin de mon secours, & en même tems, il se retira promptement. Oporinus frappé de cette impiété, dit le dernier adieu à Paracelse, dans la crainte qu'il ne souffrît un jour ou l'autre à cause de l'inhumanité de son Maître, qu'il aimoit fort d'ailleurs (*Zwinger Theatr.* 2275). Paracelse ayant oublié ensuite ce qu'il savoit de latin, mena toujours une vie errante, sans se fixer nulle part. Ils s'enyvroit assidûment ; il ne changeoit point d'habits, il ne couchoit pas même dans un lit ; enfin après une maladie de quelques jours qui lui avoit ôté toutes les forces, mais qui ne l'empêcha pas de conserver sa présence d'esprit, il mourut dans un auberge publique à Saltzboug, le vint-quatriéme Septembre de l'année 1541, âge de quarante-sept ans, quoiqu'il se fût flatté de vivre aussi long-tems que Methusalem, à l'aide de son seul élixir de propriété.

Il publia lui même quelques-uns de ses ouvrages, comme la quatriéme partie de sa *grande Chirurgie*, qu'il dédia à Jérome Boner premier Magistrat de la ville de Colmar, le second jour de Juin de 1528. Son livre des *Apostumes*, qu'il offrit à Conrad Wycram Bourguemaître de Colmar le cinquiéme Juillet de 1528. Ses livres sur les *dégrés, les compositions & le tartre*. Sa grande Chirurgie qu'il adressa à l'Empereur Ferdinand, par un Epitre datée de Munchrath le 7. Mai 1536. Il dédia au même Prince la seconde partie de cet ouvrage, le 11. Août de 1536. Dans ces livres il en cite d'autres de lui qui avoient deja vu le jour, (s) sur *les Archidoxes*, sur *les Gué-*

(s) De Archidoxis. De Sanationibus. De

rifons, fur *la Santé du Microcofme &
des Elemens*, fur *les Générations des
corps naturels*, fur *la Suppuration*,
fur *les Signes*, *les Caractéres & les
Adeptes*, fur *la Saignée*, fur *l'Origine des nouvelles Maladies*, fur *la
Magie*.

*La vie de
Van-Helmont
tirée de fes
propresEcrits*

J'ai tiré toute cette hiftoire de Paracelfe, de fes propres écrits, & de
deux d'Oporinus, de Zwinger, &
furtout de Van-Helmont; ce qui m'a
couté beaucoup de peine. Voyez *Van-
Helmont* pag. 187. §. 3. pag. 324.
325.698.699. J'ai craint d'y ajouter
ce que je trouvois dans d'autres Auteurs, parce qu'il paroît trop clairement que ce qu'ils difent eft dicté par
la haine ou par la faveur.

Jean-Baptifte Van-Helmont, d'u-
ne famille noble de Bruxelles, na-
quit en 1577. & par conféquent 36
ans après la mort de Paracelfe. Il
perdit fon pere en 1580 ; il étoit le
cadet de fes freres & de fes fœurs :

Sanitate Microfcomi , & Elementorum.
De Generationibus Naturalium. De Sup-
puratione. De Signis. De Characteribus &
Adeptis. De Phlebotomia. De Origine no-
vorum morborum. De Magia.

il s'attacha à la Médecine contre le
confentement de fa mere, & fans que
fes amis le fuſſent (*pag.* 833.).

Il avoit achevé ſon cours de philoſophie en 1594, âgé de 17 ans
(*pag.* 12. 1). Il dévoroit les livres.
Il lut deux fois avec beaucoup de
ſoin tout Galien, une fois Hippocrate & tous les autres Médecins Grecs
& Arabes ; il avoit reduit en lieux
communs ce qu'il y avoit trouvé de
plus remarquable. Auſſi fut-il bientôt
connu, car dans ce même tems il donna des léçons publiques de Chirurgie, dans le Collége des Médecins à
Louvain, ayant été appellé à cet employ par les Profeſſeurs Thomas Fye-
nus, Gerard Villers & Stornius.
(*pag.* 833.)

Il prit le grade de Doƈteut en Médecine à Louvain, en 1599. âgé de
22 ans (*pag.* 11. §. 7.). Il commença à remarquer l'inſuffiſance des
remèdes qu'on preſcrivoit dans les
Ecoles, long-tems avant que de connoître lui même les véritables (*pag.*
423. § 2). Il éprouva dans ſa perſonne combien la méthode que ſui-
voient les Doƈteurs Scolaſtiques, dans

les cures qu'ils entreprenoient, étoit peu sûre : ayant mis les gands d'une perſonne qui avoit la gale, il gagna cette maladie, contre laquelle tous les remèdes qu'on lui preſcrivit é-chouérent, il n'en put être guéri que par le moyen du ſouffre (*pag.* 256. 257.). Cela le fit repentir de ce qu'un gentil-homme comme lui, étoit le premier de ſa famille qui ſe fut appliqué à la Médicine : il abandonna cette Profeſſion, partagea ſes biens entre ſes parens, & ſortit de ſa Patrie, dans la reſolution de n'y plus rèntrer (*pag.* 833). Il ſe défit de tous ſes livres qui lui avoient couté 200. Piſtoles (*pag.* 666. §. 12), & il alla voyager pendant dix ans (*pag.* 11. §. 7). Il apprit alors la Pyro-technie d'un homme qui ne s'étoit point appliqué à l'étude ; enſuite il ſe donna tout entier à la Chymie. Deux ans après ayant découvert quel-ques remèdes Chymiques, il ſe vit dès lors en état de guérir certaines maladies (*pag.* 833).

En 1609. il épouſa une femme riche, de famille noble, & qui avoit beaucoup de mérite. Il ſe retira avec elle à Vilvoorden, où il donna tout son tems à la Chymie, fans avoir perfonne qui travaillât avec lui (*pag. 41. S. 7. pag. 833--838*).

Dans les commencemens fa vie fut fouvent en danger, par les expériences périlleufes qu'il faifoit (*pag. 719--948*).

Il ne vifita aucun malade, & il n'exerça point fon art dans la vue du gain. (*pag. 693 S. 3*).

Cependant il écrit qu'il guériffoit *Il la reprenda* toutes les années des milliers de malades (*pag. 835*).

Il employa 50 ans entiers à diftiller (*pag. 241. S. 1*). Il étoit fort éftimé de l'Evêque & Electeur de Cologne, qui aimoit beaucoup la Chymie, & qui y étoit très Expert. Il fut appellé par l'Empereur Rodolphe, & invité par deux autres Empereurs à venir dans leur Cour ; mais il refufa toutes les offres qu'on lui fit. (*pag. 833. 835.*).

Il perdit deux fils, qu'il ne put *Il ne peut pas* pas guérir de la pefte dont ils étoient *guérir plu-* attaqués (*pag. 873*). Il ne réüffit *fieurs mala-* *dies.* pas mieux dans la guérifon de fa fille aînée, qui avoit la lépre, quoi-

qu'il y employât deux ans entiers.
(*pag.* 714. §. 27.). Il ne fut pas
plus heureux à l'égard de sa femme
& de sa servante, (*pag.* 469.) ni à
l'égard de lui même, car il ne sut pas
se guérir du poison qu'on lui avoit
donné (*Ibid.*).

En 1624. il publia à Liége un petit
traité sur les Eaux de Spa, & ensuite il
fit imprimer plusieurs autres ouvrages.

Agé de 65 ans, il nous apprend
(*pag.* 720. 721) que lorsqu'il eut 63
Il tombe ma- ans accomplis, le 30 Dec. de 1639. il
lade , & il tomba malade d'une fiévre accompa-
tâche de se gnée de légers frissons, qui lui fai-
guérir par des soient grincer les dents. Il éprouvoit
remedes com- des douleurs de picotement aux envi-
muns. rons du Sternum, avec une difficulté
de respirer. Sa salive étoit mêlée de
sang, bientôt il cracha du sang tout
pur. Il prit de la ratissure des parties
génitales d'un Cerf; sa douleur en fut
diminuée. Il but ensuite un dragme
de sang de Bouc; son crachement
de sang cessa pendant quatre jours,
& il ne lui resta qu'une petite toux
qui le prenoit detems en tems, avec
quelques évacuations. Cependant la
fiévre continuoit; après quoi il lui
survint

survient une douleur de rate, qu'il tâcha de guérir par une potion de vin qu'il fit bouillir avec des yeux d'Ecrevices ; dans peu de tems il ne ressentit plus de douleur (*pag.* 322. §. 35.). En 1643. ayant été exposé à la fumée de charbon, cela le fit tomber en syncope (*pag.* 242. §. 19.) ; il se tira d'affaire par le moyen du souffre de vitriol. (*Ibid.*) Le 18. Novembre de l'année 1644. il fut attaqué d'un asthme & de deux accès de pleuresie ; après une maladie de sept semaines, il mourut d'une fiévre légere causée par la foiblesse, le 30. Decembre de l'année 1644. C'est ce que nous apprend son fils dans la Préface qu'il a donné de tous les ouvrages de son Pere.

Je croi que ce que je viens de dire prouve clairement que ces deux Auteurs, qu'on peut mettre au nombre des plus célébres Chymistes qui ayent exercé la Médecine, n'ont jamais possedé ce reméde universel, qu'ils vantent par tout ; mais que dans les maladies chroniques, ils ont souvent fait de très-belles guérisons par des remédes violens, lorsque la com-

Mais sans succès.

Il meurt.

Tome I.   C

plexion de leurs malades étoit affez robufte pour en foutenir la violence.

Il eft bon de remarquer auffi que ces gens qui fe promettoient vainement une fi longue vie, ne font pas même parvenus à un âge fort avancé.

Médecine Chymique introduite dans les Académies.

Après eux de fameux Médecins, François de le Boe Sylvius , Otto Tachen, & leurs difciples, ayant introduit la Chymie dans la Médecine, rendirent cette derniere fcience, abfolument dépendante de la premiere, tant dans la théorie que dans la pratique.

Catalogue des Auteurs qui ont écrit fur la Pratique de l'Art.

Avant que de finir cette légere ébauche que nous venons de donner de l'hiftoire de la Chymie, il eft à propos pour les commençans, de connoître les Auteurs , qui ont réduit les opérations chymiques en forme de fyftême régulier. En voici les principaux.

Ofwald Crollius. Bafilica Chemica, cum notis Jo. Hartmanni. Genev. 1658. 8°.

Beguini Tirocinium Chemicum. Cet ouvrage a été fouvent réimprimé en 8°. & en 12°.

Johannis Hartmanni Opera Me-

dico-Chymica. Francfort. 1690. Fol.

Glaser. Traité de la Chymie. Bruxelles. 1679. 12°.

Le Fevre. Traité de la Chymie. Leide 1666. 12°. 2. Vol. à Paris. 1660. 2. Vol. 8°.

Lemery. Cours de Chymie. Leide 1716. 8°.

Le Mort. Chymia Medico-Physica. &c. Leide. 1696. 4°.

Barchausen. Cyrosophia. Leide 1698. 4°.

Pour la partie de l'Art qui traite de la Métallurgie, les Auteurs les plus recommandables sont : *sur la métallurgie.*

Geber, dont les Ouvrages ont souvent été imprimés en différens formats.

Georgius Agricola. De Re Metallica. Libri XII. &c. à Bâle 1657.

Lazare Erkern. Beschreibung aller furnemisten Mineralischen Ertz, und Bergwerks arten. &c. Francfort. 1629. sous ce titre, Aula Subterranea. alias, Probirbusch Lazari Erker.

Jean Rodolph Glauber; dans toutes ses Oeuvres publiées séparément, en différens tems, & en différens formats.

Joachim Becher. Metallurgia Be-

cheri. Francfort. 1670. 8o.

Jean Kunkel. *Philosophia Chymica, Experimentis confirmata.* Amsterdam. 12o.

Olaüs Borrichius. *Docimastica Metallica*. Copenhague. 1680. 8o.

sur l'Alchymie. Parmi ceux qui ont écrit sur l'Alchymie, voici les plus renommés.

Geber, que Bernard met cependant au nombre des Sophistes.

Morienus.

Roger Bacon.

George Ripley.

Raimond Lulle.

Bernard, Comte de Trevisan. Il a écrit en 1453.

Jean Isaac Hollandus, qui est peut-être le même que

Isaac Hollandus, qui est plus moderne qu'Arnaud de Villeneuve, & plus ancien que Paracelse. Penotus l'estimoit si fort qu'il le regardoit, quoiqu'enseveli dans l'obscurité du tems de Paracelse, comme Elie l'Artiste, qui avoit été promis, & qui devoit reveler les secrets. (*Libav. Alchymia Pharmaceuta*. 122.).

Basile Valentin. Chymische Schrifften. Hambourg. 1694. 8o.

Arthephius.

Theatrum Chemicum.

Turba Philosophorum.

Paracelse. Opera Omnia. En Latin. Geneve 1658. 2 vol. Fol.

- - - - - en Allemand. Strasbourg. 1603. 2 Vol. Fol.

- - - - - en Allemand. Strasbourg. 1616. 2. Vol. Fol.

Ireneus Philaletha.

Michaël Sendivogius.

Jean-Baptiste Van-Helmont. Opera omnia. Amsterdam. 1652. 40.

Ceux qoi ont fait plus d'usage de la Chymie dans la Médecine & dans la Physique font, *fur la Chymie appliquée à la médecine & à la Physique.*

Le même *Van-Helmont.*

Robert Boyle, dans toutes ses œuvres.

Jean Bohn. Differtationes Chymico-Physicæ. Leipfic. 1696. 8o.

Le Dr. *Cox* & le Dr. *Slare*, en divers endroits des Transact. Philosoph.

Homberg, *Geoffroy*, & *Lemery* le jeune, dans les Mémoires de l'Acad. Royal.

George Erneft Stahl. Fundamenta Chymiæ. Nuremberg. 1723. 40.

Et principalment le sçavant *Frédéric Hoffmann* , dans ses *Observationum Physico-Chymicarum selectiorum, libri III.* à Hall, 1722. en 40. Cet habile homme, qui a enrichi la Médecine & la Physique par tant de beaux Ouvrages, a rendu un très-grand service à la Chymie en publiant celui-ci.

TRAITÉ

DE

CHYMIE,

SECONDE PARTIE.

DE LA THEORIE DE L'ART.

L A Chymie eſt un Art qui enſeigne à faire certaines Opérations Phyſiques, par le moyen deſquelles les corps qui ſont inſenſibles, ou qu'on peut rendre tels, & qui peuvent être renfermés dans des vaſes, ſont changés par des inſtrumens propres ; & cela de façon qu'il en réſulte des effets déterminés & particuliers, & dont les cauſes ſe découvrent par ces effets mêmes, qui ont différens uſages dans divers autres Arts.

Et c'eſt avec raiſon qu'on donne

Défintion de la Chymie.

C iv

le nom d'Art à la Chymie, puiſqu'elle
nous dirige dans la pratique de certaines opérations dont on peut prévoir
les ſuites.

Ses objets.

Les objets ſur leſquels roulent les
Obſervations & les Opérations des
Chymiſtes, ſont tous les corps ſenſibles, tant ceux qui par leur propre nature tombent d'eux-mêmes ſous les
ſens, que l'on n'appercevoit pas auparavant, mais que l'Art peut rendre
ſenſibles ſoit par eux-mêmes, ſoit par
leurs effets ; ſur tout lorſqu'ils ſont
tels qu'on peut les contenir dans des
vaſes, ou les réduire par le moyen
de l'Art au point de pouvoir les y
contenir.

On les ran-
ge ſous trois
claſſes.

Par l'examen attentif de tous ces
corps il paroît qu'on peut aſſez commodément les ranger ſous trois claſſes
principales, auxquelles on a donné le
nom de Régnes.

La premiere
comprend les
Foſſiles.

La premiere Claſſe renferme les
Foſſiles, ou, comme on les appelle
ordinairement, les minéraux ; on les
définit en diſant que ce ſont des corps
naturels, produits dans la terre ou ſur
ſa ſuperficie, & dont la ſtructure eſt
ſi ſimple que chaque partie y paroît

parfaitement semblable au tout, sans que jusqu'ici la vûe aidée même des meilleurs microscopes, y ait pû découvrir aucune variété entre les vaisseaux, & les fluides qui y sont contenus ; quoique d'ailleurs on sache certainement qu'il y en a plusieurs qui sont formés par le concours & le mélange de parties solides & fluides. Les Chymistes les appellent régne Minéral.

DES MÉTAUX.

Parmi les minéraux, on donne le premier rang aux métaux, dont le caracteres distinctif est d'être les fossiles les plus pesants, de se fondre au feu, de se coaguler au froid, & d'être ductiles sous le marteau.

Jusqu'ici on n'a encore découvert que six métaux simples, qui sont l'or, l'argent, le cuivre, l'étain, le fer & le Plomb.

Les anciens Philosophes ajoutoient à ces six métaux le vif-argent, quoiqu'il soit d'une nature bien différente, puisqu'il n'en a ni la dureté, ni la ductilité, ni la consistance : mais le lieu de son origine, son poids, sa

C

simplicité, la facilité avec laquelle il se joint aux métaux, a fait qu'on l'a rangé parmi eux ; & ce qui y a sur-tout contribué, est une ancienne opinion, qui s'est toujours répandue de plus en plus, c'est que le vif-argent fait la plus grande partie de tous les autres métaux.

Il est étonnant que les anciens Perses, dans leur langage sacré, ayent donné constamment aux sept métaux qu'ils trouvoient dans la Terre, les noms des Planètes qu'ils voyent au Ciel.

Et même les Chymistes, pour désigner les métaux, ont employé les mêmes Caractères ☉, ☾, ☿, ♀, ♂, ♃, ♄, dont se servoient les Astronomes & les Astologues pour distinguer les Planettes.

On ne sait pas surement qui sont les premiers qui ont fait usage de ces caractères. Ce qu'il y a de certain, c'est que les Chymistes, suivant leur maniere d'écrire par hiéroglyphes, expriment assez bien par ces marques les Corps qu'il ont en vûe de dési-gner, comme on peut s'en convain-cre aisément si l'on y veut faire quel-que attention.

✝ Ce caractere dénote tout ce qui est âcre, rongeant, comme le vinaigre, le feu : aussi est-il hérissé de pointes de tous côtés.

☉ - - - - - - - - tout ce qui est parfait immuable très-simple. Tel est l'or, qui ne renferme rien d'âcre ni rien d'étranger.

☾ - - - - - - - - ce qui est demi-or : ce qui deviendra de l'or parfait sans aucun mêlange de matiere héterogène ou corrosive, si l'on peut le renverser en mettant au dehors ce qui qui est au dedans. C'est ce que les Alchymistes ont observé dans l'argent.

♄ - - - - - - - ce qui est intérieure-

ment de l'or pur,
mais dont la surfa-
ce est de couleur
d'Argent , pen-
dant que ce qui est
dessous est âcre &
rongeant. Séparez
en cela , il vous
reste de l'or pur,
mais vif. C'est ce
que les Adeptes
affirment du vif-
argent.

⚹ Ce caractere marque un corps
dont la plus gran-
de partie est de
l'or , joint à une
quantité considé-
rable de matiere
crue , âcre & cor-
rosive : ôtez cette
matiere , le reste
aura les proprié-
tés de l'or. Voilà
ce que les Adep-
tes assurent enco-
re du cuivre.

♃ - - - - - - - - - que le fer est aussi
intérieurement de

l'or, mais mêlé avecuneplusgran- de quantité de ma- tiere âcre & ron- geante, & où il y a cependant la moi- tié moins d'âcreté que dans le précé- dent, aussi ne lui applique-t'on que la moitié du signe. Et ici le sentiment des Alchymistes est confirmé par les observations des Médecins. Il est certain que pres- que tous les Adep- tes font dans l'o- pinion que l'or vif, ou l'or des Phi- losophes, est ca- ché dans le fer, & qu'à cause de ce- la il faut tirer de ce métal les reme- des métalliques, & non pas de l'or même.

♄ Ce caractere indique que l'Etain est composé en partie d'argent, & en partie de matiere crue rongeante & ácre. C'est ce que peu d'Essayeurs ignorent : car la coupelle fait voir que l'étain est presque aussi fixe que l'argent, & qu'il renferme une assez grande quantité de souffre cru, très-bien connu des Alchymistes.

♄ - - - - - - - - que le plomb est presque tout corrosif, en même-tems qu'il a quelque ressemblance avec l'argent. C'est à dire assez pour les Experts.

♄ - - - - - - - - le chaos, τὸ Πᾶν, ou le Tout, le monde, la Chose unique, qui renferme toutes les autres ; de l'or, avec une très-grande quantité de corrosif arsénical.

Le caractere propre & indivisible des métaux, est un très-grand poids, qui surpasse de beaucoup celui de tous les autres corps. Ce que l'Art ne peut produire qu'avec le plus de difficulté, est ce qui caractérise sûrement les métaux. *Le poids est ce qui caractérise principalement & sûrement un métal.*

On les a examiné hydrostiquement dans de l'eau très-pure, & l'on a trouvé que leur gravité spécifique étoit telle qu'elle se voit dans la Table suivante, que j'ai tirée des Transactions Philosophiques. No. 169. p. 296. & No. 199. pag. 694.

☉	19636	*C'est ce qui distingue aussi les métaux entr'eux.*
☿	14019	
♄	11345	
☾	10535. 11087.	
♀	8843	
♂	7852	
♃	7321	
Grenat	3978	*& des autres Corps les plus pesans.*
Verre	2805	
Eau de pompe	1000 (a)	

(a) Voyez la Table des Gravités spécifiques ajoutée au Traité du feu.

Le poids seul nous fournit des regles sûres, & d'un grand usage pour distinguer les mé-taux.

Il suit de-là que la meilleure méthode d'examiner les corps inconnus, pour sçavoir s'ils renferment beaucoup de métal, est de considérer leur poids.

Quelquefois même on peut découvrir par-là quel est ce métal.

Combien grande est donc la difficulté d'augmenter le poids des corps, au point que de donner aux autres métaux la densité requise pour qu'ils deviennent de l'or ; ou que de changer les autres corps eu métaux ?

Il paroît aussi par-là qu'elle est la matiére qui approche le plus de l'or, quant à son poids, & que par conséquent on pourroit le plus aisément changer en ce métal.

Nous pouvons enfin conclure de-là que l'on tire du poids spécifique des métaux, une demonstration sûre de leur qualité.

Véritable caractere de l'or.

⊕ 1. C'est le plus pésant & le plus dense de tous les corps.

2. C'est le plus simple.

3. C'est le plus fixe dans l'air & dans le feu ; & cela à un tel point qu'une once d'or qu'on a tenue en fusion pendant deux mois, à l'un des ouvraux d'un

four de Verrier, n'a pas perdu un grain de son poids. Il suit de-là que ce métal est incorruptible.

4. Entre tous les corps il est le seul qui résiste à la force de l'antimoine & du plomb ; & qui, s'il est fondu avec eux, ne s'en va point en scories, mais tombe au fond du creuset. Par conséquent il est le plus constant de tous les corps, connus jusqu'à présent ; peut-être même qu'aucune cause Physique ne peut le changer : aussi les plus prudens des Alchimistes s'accordent-ils tous à dire qu'il est plus aisé à l'art de faire de l'or, que de le détruire.

5. Il est le plus ductile de tous les corps. Les Ouvriers peuvent étendre un grain d'or entre des peaux faites d'intestins de bœuf, en un feuille de $36\frac{1}{2}$ pouces quarrés, & 24 lignes quarrées. On dore avec un once d'or un cylindre d'argent de 48 onces, que l'on tire ensuite en fils si minces que deux aunes ne pé-

sent qu'un grain, & sont couvertes d'une feuille d'or formée
de la quarante-neuviéme partie
d'un grain. Si cependant on les
examine avec le microscope,
l'or paroît si épais que l'on ne
peut découvrir en aucun endroit
l'argent qui est dessous; de sorte
que $\frac{1}{000}$, $\frac{1}{000}$ d'un grain d'or est
ici visible à l'œil simple, dans
une fueille dont l'épaisseur est
$\frac{1}{134,500}$ d'un pouce. (*Halley.*
Transact. Philos. n°. 194. pag.
549). Et dans les *Mémoires de*
l'Acad. Royale de Scienc. 1713.
10. on prouve que l'épaisseur
de l'or sur un fil très-fin d'argent doré est $\frac{1}{1,050,000}$ d'une
ligne. Une goutte d'or dissout
dans l'eau régale, imprime un
goût métallique à une livre entiere d'esprit de vin rectifié,
& donne une couleur de pour-
pre foncée à quelques mesures
d'eau où il y a deux grains
d'étain dissout. (*Hoffmann*). A
Augsbourg un Artisan a eu
l'habilité de tirer d'un seul grain
d'or un fil de 500 pieds. (*Cas-*

sius de Auro. p. 77.).

6. Il est mol, à peine élastique ou sonore.

7. Dès qu'il est rougi par le feu, il se fond : on en trouve dans l'Isle de Madagascar qui est très-mol, & un petit feu suffit pour le fondre comme du plomb (*Flacourt, Hist. de l'Isle de Magdag. Borrich. Ort. Ch.* 49).

8. Il n'y a que le sel marin, ou les menstrues qui en sont composés, qui puissent le dissoudre. Tout autre sel ne produit sur lui aucun effet : c'est pour cela qu'il n'est point sujet à la rouille, car l'eau régale, & l'esprit de sel marin ne voltigent nulle part dans l'air.

9. Il se joint très-facilement au vif-argent pur ; mais il ne s'unit pas avec celui qui est crud, aussi aisément qu'on le dit communément ; lors même qu'on employe pour cela le secours du feu.

10. Dissout dans l'eau régale, & précipité par le sel de tartre, il a la propriété de composer

une poudre fulminante.

L'or ne se corrompt point par la rouille ; & quelque long-tems qu'on le garde, il n'est point diminué par les particules qui s'en exhalent. La nature en forme de très-pur en grains, ou en glébes ; on en a trouvé quelquefois de morceaux du poids de deux livres : c'est-là un or Vierge. Il faut cependant employer souvent le feu pour l'épurer ; car il est rare de rencontrer de ces glébes qui contiennent de l'or pur, sans aucun mêlange de quelqu'autre métal, à moins qu'il ne soit rassemblé en une seule masse, & même encore alors, il contient de l'argent. Il est rare de le trouver mêlé avec d'autres métaux que l'argent & le cuivre. Il est distribué presque par toute la terre, en plus ou moins grande quantité. On le trouve dans une glébe blanche, marquée de taches noires, c'est-là la meilleure ; il y en a une autre qui est noire, rouge ou jaunâtre. Ces glébes, telles qu'on les tire de la mine, contiennent divers vitriols blancs, bleus, rouges, verds, & ce qu'on appelle de l'antimoine d'or.

On sépare l'or de sa mine, ou matrice. 1°. En le torréfiant par un feu de reverbére, pour en séparer tout ce qu'il renferme de volatil. 2°. En le faisant cuire dans de l'eau, afin de le délivrèr du sel, & de la graisse qu'il est aisé d'écarter dès qu'on la voit surnager. 3°. En le broyant avec du mercure, si la mine n'est pas grasse. 4°. Et si elle est grasse en le broyant avec du mercure & de la chaux de vitriol, & en faisant cuire ensuite cette pâte dans l'eau. 5°. En le faisant dissoudre dans l'eau régale. 6°. Par le moyen de certains sels, qui servent à fixer l'huile volatile & le sel, qui autrement entraîneroient avec eux l'or, & en feroient perdre la plus grande partie, dès qu'on l'exposeroit au feu. 7°. Par la lotion, qui se pratique surtout à l'égard de celui qui se trouve en grains ou en paillettes.

Voyez sur cela *Lazare Erker*, *Verulam* & les *Transactions Philosophiques*.

☿ 1. Il est le plus pésant de tous les corps après l'or; & il l'est d'autant plus, qu'il est plus purifié.

2. Il eſt le plus ſimple , de tous les corps , ſans excepter même l'or le plus pur.

3. Lorſqu'on l'expoſe au feu, un dégré de chaleur qui n'eſt guéres plus grand que celui de l'eau bouillante , le fait tout évaporer en fumée.

4. Il n'eſt point ductile ſous le marteau , mais la moindre force le peut diviſer en très - petites parties , & cela à proportion qu'il eſt plus pur. Aucun froid connu n'eſt capable de le coaguler & d'en faire une maſſe ſolide ; eſt-ce donc un or liquide ?

5. L'or eſt le métal auquel il ſe joint le plus facilement : enſuite c'eſt le plomb, l'argent & l'étain : il s'unit plus difficilement avec le cuivre, & preſque point du tout avec le fer. Eſt-ce donc que par une reſſemblance de nature, le vif argent ſe joint aiſément avec le mercure , qui fait la baſe des métaux ; & cela plus promptement , a proportion que ce mercure y eſt en plus grande quantité , & mêlé avec

moins de matiere héterogène ?
Cela paroît affez vraifemblable.

6. On peut le diffoudre dans l'eau
forte & dans l'eau régale.

Il paroît par la combien il eft difficile de convertir le vif-argent en or :
il faudroit auparavant le fixer, & lui
en donner le poids & la ductilité.
Cependant il eft vrai que fa nature
approche fort de celle de ce précieux métal.

On en tire à préfent une très-grande quantité du Frioul, où il eft produit; 1. dans une matrice dure comme
de la pierre, de la couleur du *Crocus
Metallorum*, ou faffran des métaux;
2. dans un terre molle, qui le renferme dans fon état de fluidité; 3. dans
des pierres rondes; 4. en forme de
Cinabre.

On le fépare de fa matrice par la
diftillation ou par la cribration & la
lotion. Celui qu'on trouve fluide
dans la mine même, fans qu'il foit néceffaire de le rendre tel par le moyen
du feu, s'appelle mercure Vierge.

5 1. C'eft le corps le plus péfant
après le mercure.   *Les marques
du plomb.*

2. De quelque façon qu'on l'exa-

mine on le trouve toujours extrêmement simple.

3. Exposé au feu, il fume ; & quand il a été long-tems fondu, il passe à travers la plûpart des vases. Il n'est pas fixe.

4. Il est le plus mou de tous les métaux : il n'est ni élastique ni sonore : il est très-malléable.

5. Après l'étain c'est celui des métaux qui se fond à un moindre dégré de feu, & cela long-tems avant que de devenir rouge ; il jette un espéce de chaux, & il se change bientôt en verre : si alors on le fait fondre, il n'y a aucun vase qui puisse le contenir long-tems sur le feu. Il rejette au-dessus de sa surface tout ce qu'on y mêle de plus léger. Il se vitrifie avec les métaux impurs, & les entraîne avec lui au travers des parois du creuset ; il n'y a que l'or & l'argent qu'il laisse purs ; il les dégage de toute matiere héterogène, qu'il dissipe en fumée, ou qu'il fait passer avec lui, comme on vient de le dire, par les pores du creuset.

Après

Après qu'il a été fondu, il ré-
prend sa solidité en très-peu de
tems, plus lentement cependant
que l'étain.

6. Il se dissout dans l'eau forte,
& non dans l'eau régale, &
l'on en tire un sel doux.

On le trouve en abondance dans
diverses mines de l'Europe ; on en
fait tous les jours une très - grande
consommation : quoique ce soit un
métal assez vil, il est cependant fort
utile ; & sa nature est très-singuliere.
Les Mythologistes l'ont regardé
comme l'origine & le pere des autres
métaux, & en même tems comme leur
destructeur.

Sa matrice est pésante, resplen-
dissante, d'une couleur plombée, &
elle rend moitié de plomb ; quelquefois elle est blanche, rouge, jaune,
mais alors elle est moins riche. Il y a
souvent de l'argent mêlé, ce qui
trompe fréquemment les Essayeurs,
s'il ne font pas sur leurs gardes.

1. C'est le métal le plus pésant
aprés le plomb.

2. Il est aussi fort simple : par les
épreuves ordinaires, on ne peut

remarquer aucune diversité entre ses parties.

3. Il est si fixe dans le feu, qu'il n'y perd presque rien s'il est bien pur. On dit qu'après avoir été tenu en fusion pendant deux mois, a l'un des ouvraux d'un four de Verrier, il a à peine perdu $\frac{1}{12}$; & même est-on sûr que celui qui a été employé à cette experience étoit pur ?

4. Il est malléable, & ductile en fils très-minces.

5. Dès qu'il est rougi par le feu, il se fond.

6. Il n'y a que l'eau forte qui puisse le dissoudre.

7. On le purifie par le moyen du plomb, auquel il résiste.

8. Il s'en va en scories avec l'antimoine, & devient volatil.

On le trouve en plusieurs endroits, dans diverses matrices, qui sont fort variées & qui renferment presque toujours un peu d'or. Souvent aussi elles contiennent un souffre rongeant & bitumineux, qui par sa rapacité rend l'argent volatil & le dissipe, ou le change en scories qui tiennent de

la nature du verre, ce qui en fait perdre une très-grande partie. Ni le sel
ni le plomb n'ont aucune prise sur
lui, ainsi il faut le dompter avec le
mercure. Il faut pour cela torréfier
sa mine, & la réduire en poudre ; ensuite on y mêle du mercure, qu'on
broye long-tems avec elle ; de cette
façon l'argent s'unit au vif-argent,
& on l'en sépare par la distillation.
(*Transact*. 589, 590, 591.)

♀ 1. Après l'argent, c'est le plus pésant des métaux.

Marques du Cuivre.

2. Il est simple, mais moins que
les précédens.

3. Il est assez fixe dans le feu, cependant il y fume, & l'on découvre que quelques-unes de ses
parties font volatiles.

4. Il est ductile sous le marteau,
& on peut le tirer en fils très-
minces. Il est fort élastique &
sonore.

5. Avant que de se fondre, il devient rouge ; & c'est de tous
les métaux celui qui se fond le
plus difficilement après le fer.
Lorsqu'il est en fusion il résiste
à l'eau d'une façon étonnante,

Dij

& il se meut avec elle très rapidement ; ainsi quand il est fondu il est très-dangereux d'y mêler de l'eau.

6. On peut le dissoudre aisément avec toutes sortes de sels, & alors ils devient verd ou bleu. Quand il a quitté son dissolvant, il perd sa belle couleur pour en revêtir un autre qui paroît sale & désagréable. Sa facilité à se dissoudre fait qu'à l'air & dans l'eau il contracte un verd de gris, qui n'est autre chose qu'un assemblage de petits crystaux.

7. Avec le plomb & l'antimoine il se convertit facilement en scories ou en verre ; & ensuite il se dissipe ou en fumée, ou en passant à travers les pores du creuset.

On le trouve assez répandu dans les mines. Il est fortement attaché à la pierre d'où on le tire ; de sorte que pour l'ordinaire il faut qu'il passe par quatorze fourneaux avant qu'il soit bien pur. Il contient souvent de l'argent, surtout celui qui est dans une matrice noire, ou d'un bleu clair ; celui qu'on trouve dans une matrice jaune, verte ou brune, en renferme moins. On trouve fréquemment dans les veines des vitriols verds, bleus, rougeâtres & blancs, de très-belles pierres vertes & bleues ; de sorte qu'il n'y a point de matiere foffile & métallique qui foit enrichie d'une plus belle variété de couleurs.

1. Il fe diftingue auffi par fon poids. *Propriétés du fer.*

2. Il eft moins fimple que les précédens, puifqu'on a des indices clairs qu'il eft joint à un fouffre cru, & à une matiere véritablement combuftible, & qui s'allume même affez fouvent.

3. Il eft fixe dans le feu, mais cependant de façon qu'il ne laiffe pas de fumer, de répandre des étincelles qui paroiffent d'une matiere combuftible, & de perdre conftamment de fon poids.

4. Il eft ductile fous le marteau, & on peut les tirer en fils, pourvu qu'on ne les faffe pas trop minces, car alors il fe fend, & il

se montre fragile. Il est dur &
sonore.

5. Il devient rouge long-tems a-
vant que de se fondre, car c'est
de tous les métaux celui qui se
fond le plus difficilement, & il
faut pour cela un très-grand feu.
Quand il est bien rougi, il souffre tranquillement l'attouchement de l'eau froide.

6. Il se dissoud aisément par toutes sortes de sels, avec lesquels
il prend une couleur rougeâtre;
il s'en détache aussi très-facilement, & alors il se consume en
scories; c'est ce qui fait qu'il
n'est gueres possible de le préserver de la rouille.

7. C'est de tous les métaux celui
qu'on peut détruire avec le plus
de facilité. Avec le plomb &
l'antimoine, il s'en va d'abord
en scories.

8. Il attire l'aiman, & il en est
attiré.

9. Il a des vertus médicinales très-
salutaires au corps humain, pour
qui il a moins d'éloignement que
les autres métaux, & dans le-

quel même il peut presque se dissoudre.

On observe que le fer naît presque par tout dans les terres grasses & argilleuses, qui étant exposées au feu découvrent le métal qu'elles renferment par la couleur rouge qu'elles contractent. Dans une matrice de pierre, il se fait connoître par une couleur de rouille, ou surtout, si la veine est bonne, par une couleur d'un bleu clair ; souvent aussi il se manifeste par sa vertu magnétique. On le distingue très-clairement dans le vitriol fossile verd. Pour le séparer de sa matrice & en faire du fer pur, il faut l'exposer à un très-grand feu, & employer le secours de certains matériaux propres à cela ; mais auparavant il doit avoir été torréfié.

1. C'est le plus léger des métaux. *Caractères de l'Etain.*

2. Il est beaucoup moins simple que les précédens ; exposé même à un petit feu, il s'en éléve une fumée sulphureuse, qu'on peut aisément séparer de la partie métallique, & qui est presque combustible.

3. Cela fait qu'il est beaucoup bien moins durable au feu.

D iv

4. Il est mou, fléxible, ductile sous le marteau; mais on peut le retirer en fils, moins que les autres Métaux; il n'est ni fort sonore, ni fort élastique.

5. C'est le métal qui se fond le plus vîte au feu, long-tems avant qu'il en soit rougi; un dégré de chaleur qui ne surpasse pas de beaucoup celui de l'eau chaude lui suffit pour cela. Il se coagule aussi très-promptement par le froid.

6. Quand il est crud, & qu'il est encore joint avec son souffre, il ne se dissoud que dans l'eau forte; mais quand il en est dégagé par la calcination, il se dissoud même dans le vinaigre, & il ne lui faut pour cela que très-peu de dissolvant.

7. Il résiste si fort au plomb & à l'antimoine, quand il est dans le creuset, qu'on ne peut l'en séparer que très-difficilement; on ne pourroit même jamais en venir à bout sans le secours du cuivre.

8. Il a plusieurs propriétés qui le font assez ressembler à l'argent.

On le trouve dans une matrice très-pésante, quoique lui-même soit assez léger. La glèbe qui le contient est d'un brun tirant sur le jaune, ou, si elle est fort riche, elle est noire, polie, brillante, & ressemble quelquefois à la pierre d'où l'on tire le fer. Il se produit aussi dans une pierre poreuse, & très-pésante. Après que sa Mine a été préparée par l'ustion, la contusion, la lotion, on la fond pour séparer l'étain de ses scories. Le meilleur nous vient de la Grande-Bretagne, où il y en a des mines très-abondantes; & c'est delà que Bochart croit que ce Pays a tiré son nom; en Syriaque *Barat Anac*, signifie le champ de l'étain.

Voici ce que nous apprenons par cette Histoire des métaux, dans laquelle nous n'avons rien avancé qui ne soit vrai.

Les véritables fondemens de la transmutation des métaux.

1. Les métaux sont absolument différens de tout autre corps Naturel, ou artificiel, connu jusqu'à présent: puisque le métal le plus léger est au moins la moitié plus pésant que celui de tous les corps qui pése le plus après les métaux.

D v

2. D'où il suit que ceux-là se trompent grossiérement, qui cherchent à convertir en métal une matiere qui n'est pas métallique : car le poids étant l'indice de la quantité de matiere que renferment les corps, il doit être d'une difficulté infinie de les condenser, & il n'y a presque que le pouvoir du Créateur qui soit capable d'en venir à bout.

3. Il n'y a point de plus sûre marque de l'affinité qu'il y a entre la substance des divers métaux purs, que la ressemblance de leurs poids.

4. Par conséquent il n'y en a aucun qui approche plus de l'or que le vif-argent, si l'on considére la matiere de l'un & de l'autre : quant à l'autre principe, qui leur donne à chacun sa forme particuliere, je n'y fais pas attention à présent ; il est clair qu'il est d'une nature fort différente.

5. Il est peut-être plus facile de produire ou de changer les autres propriétés des métaux, telle que leur fixité, leur couleur, leur malléabilité, leur simplicité.

6. L'or eſt donc compoſé d'une matiere très-pure, très-ſimple, ſemblable au vif-argent, & fixée par
un autre principe auſſi très-pur,
très-ſimple & fort ſubtil ; ce principe répandu dans toute la maſſe
lie intimément toutes les particules de cette premiere matiere entr'elles & avec lui-même. On a crû
que ces deux principes étoient du
mercure & du ſouffre.

7. Les autres métaux ſont formés par
les mêmes principes, mais mêlés
avec une autre matiere plus legére
qui varie dans les différens métaux,
& qu'on appelle terre. Ils ſont
donc compoſés de trois matieres
différentes, auxquelles on en peut
ajouter une quatriéme, je veux
dire un ſouffre crud qui ſe trouve
dans quelques-uns.

8. On peut donc réſoudre ces métaux
dans leurs élémens, qui différent
en nature & en nombre dans les
divers ſujets où ils ſe trouvent.

9. Cela peut ſe faire par le moyen du
mercure, d'un ſel reſſuſcitant, ou
du feu, en ſuivant différentes méthodes pour les divers métaux.

D vj

10. On n'est donc pas fondé à soutenir que les métaux peuvent être aisément changés les uns dans les autres, excepté à l'égard de leur seule partie mercurielle, & après que l'on a entiérement détruit leur premiere forme. Ainsi par la transmutation on ne pourroit pas tirer plus d'or d'un autre métal, qu'à proportion du mercure qui entre dans sa composition.

11. Il n'est pas non plus fort sûr que l'Art ait produit des métaux différens des six dont on vient de parler; quoique Van-Helmont l'assure hardiment du mercure fixé par son Alcahest.

12. Celui-là donc qui entend bien tout ce qui vient d'être dit des métaux, ne s'en laissera pas impôser aisément par de vaines promesses & de fausses apparences; puisque tous ceux qui cherchent à faire ici des dupes, ne peuvent jamais imiter le poids de l'or, ni produire un corps aussi fixe au feu que l'or & l'argent. Par ces deux marques nous pouvons nous précautionner contre leurs fourberies, & leurs rai-

sonnemens spécieux , & distinguer les faux métaux qui sont l'Ouvrage de l'Art , & qui manquent aussi ordinairement de malléabilité.

13. Les six métaux , s'ils sont fondus dans des vases bien nets, ont tous la même apparence , & ressemblent parfaitement au mercure par leur couleur, leur solidité , leur configuration sphériqne , l'attraction de leurs parties , leur dégré de fluidité , & leur mobilité. Ainsi le mercure est peut-être un métal fondu par un très-petit dégré de chaleur. L'étain en demande un plus grand pour être mis en fusion ; & si l'Air avoit le dégré de chaleur requis pour cela , alors l'étain seroit du mercure , mais du mercure fumant & qui jetteroit de l'écume. Ensuite le plomb , dans un dégré de feu un peu plus grand , seroit aussi un mercure fumant & qui passeroit au travers des vases. L'argent & l'or demanderoient une beaucoup plus grande chaleur, pour être fusibles en un mercure, qui seroit immuable. Le cuivre exigeroit pour cela un feu encore plus

grand, & ne seroit qu'un mercure sujet au changement : Enfin le fer seroit celui qui parviendroit le plus difficilement à la fluidité du mercure , & il seroit aussi très-muable.

DES SELS.

Sel Fossile. Les Sels, que d'autres appellent des sucs coagulés, doivent tenir la premiere place après les métaux, parce qu'ils sont fort simples, & qu'ils concourent à la formation des demi-métaux & des autres fossiles.

Par le mot de sel on entend un fossile, qui se fond au feu & se dissoud dans l'eau & qui est si simple que chacune de ses plus petites parties est parfaitement semblable au tout, & imprime un goût sur la langue.

Ses especes. Les Sels naturels sont le Sel marin, le Sel gemme ou fossile, le Sel de fontaine, le nitre, le Borax, le Sel natif ammoniac, l'alun, l'acide vague des mines.

Le sel Fossile ou sel Gemme. Le Sel fossile, dont la partie la plus pure s'appelle sel gemme , se trouve dans différentes parties du monde ; on le tire des mines qui sont très-profondes. Il y est dans son état de persection & en très- grande quantité.

Le Sel de fontaine se trouve dans des sources qui sortent de la terre, & où il est dissout dans l'eau ; quand il est purifié & épaissi, il est entiere- ment semblable au Sel marin. Le sel de Fontaine.

Le Sel marin est dispersé dans la Mer, & on le réduit en crystaux par la seule évaporation & purification. Le sel Marin.

Quoique ces trois espèces de Sels ayent une origine différente, ils sont cependant de la même nature, ils se dissolvent dans la même quantité d'eau, qui est $3\frac{1}{2}$ de leurs poids : ex- posés à l'air ordinaire ils se fondent d'eux-mêmes ; ils se coagulent plus ou moins promptement en crystaux cubiques, parallelepipèdes, ou py- ramidaux, & qui sont presque tous semblables : jettés dans l'eau forte, ils composent un Menstrue qui dissout l'or : par la force du feu on en fait distiller des esprits acides de même nature : fondus dans un air humide, ils déposent beaucoup de terre, avec une liqueur grasse, âcre & astringen- te ; ils pétillent dans le feu, & s'il est ardent ils s'y fondent ; ils y restent long-tems fixes, s'ils sont bien purs quand on les fond, ils ne souffrent alors aucun changement, & ils ne s'en exhale aucun esprit, mais seulement un peu d'eau ; on n'en peut tirer aucun alcali, & la putréfaction n'est pas capable de les altérer.

Le Nitre.   Le nitre moderne, ou Salpêtre, forme des crystaux octogones : c'est un demi-fossile que l'on tire d'une terre nitreuse & âcre : il se fond à un feu médiocre ; il s'en exhale très-peu d'eau : il est assez fixe : quand il est fondu, il s'enflame avec toute matiere inflammable : il se dissout dans $6\frac{1}{2}$ d'eau.

La Terre ou la Pierre nitreuse doit sa propriété à un mêlange de cendres de végétaux qui n'ont pas été lavées, de chaux vive, d'excrémens, ou de cadavres pourris, d'animaux, & de ceux-là sur-tout qui se nourrissent d'alimens où le Sel marin n'entre pas, des oiseaux par conséquent. On délaye dans une grande quantité d'eau cette matiere nitreuse, on la filtre à travers du sable, & on la forme en crystaux octogones.

Le nitre doit son origine à une terre grasse & alcaline, & à l'air.

(*Hofm. de Eſt. Aq. min. Tom. II. pag. 42*).

Le troiſiéme Sel s'appelle Borax,   *Le Borax.*
ou chriſocolle ; c'eſt un foſſile de figure variée ; il ne peut ſe diſſoudre
que dans une quantité d'eau qui ſur-
paſſe vingt-fois ſon poids, & encore
faut-il pour cela une grande chaleur :
il eſt d'un goût amer, mais qui ſe
change en une eſpece de douceur lorſqu'il commence à ſe paſſer : il ſe fond
aiſémennt au feu, mais en même tems
il s'enfle & ſe répand en écumes, par
là il en ſort beaucoup d'eau, & le reſte s'affaiſſe ſous la forme d'un beau
verre ; il aide beauconp la fuſion des
corps avec leſquels on le mêle au feu ;
ainſi il eſt très-utile pour ſouder les
métaux, & l'or en particulier.

Le quatriéme ſel eſt le ſel de ſable,   *Sel Ammo-*
ou le ſel ammoniac ; il ſe produit dans   *niac Foſſile.*
les endroits les plus arides de l'Afri-
que. C'eſt le ſel Cyrénaïque des anciens, qu'on trouvoit en grande
quantité aux environs du Temple de
Jupiter Ammon ; par la deſcription
que Pline fait de la meilleure eſpéce,
il paroît qu'il étoit tout-à-fait ſemblable à celui que nous avons au-

jourd'hui. Il y a dans diverses parties du monde des Volcans, qui jettent assez souvent des morceaux de ce sel; celui qu'on trouve au pied du mont Vésuve, est encore fort estimé dans ce tems-ci.

*Sel Ammo-
niac moder-
ne , qui est
une produc-
tion de l'Art.*

*Sel Fossile
acide.*

Il faut donc ranger ce sel parmi les fossiles, quoiqu'on croïe que celui qui nous est apporté à présent d'Egypte est une production animale. Ne tireroit il point par tout sa véritable origine de la Suïe ?

Le cinquiéme sel simple parmi les fossiles, est un sel vague, volatil, liquide, & qui se trouve peut-être par tout dans les mines. Joint avec quelqu' huile fossile comme le pétrole, huile de terre, ou autres semblables, il produit peut-être divers soufres natifs, fossiles & transparens, qu'on appelle souffre vifs ; comme aussi ces souffres qui sont unis aux demi-métaux, en forme de cinabre, d'antimoine, & d'autres fossiles, & tant ceux qui font fluides que ceux qui sont solides: avec les métaux il compose divers vitriols ; avec les terres à chaux il forme différens aluns : avec des Pyrites, qui sont la matrice du vitriol calcinées par un feu vif, il produit le souffre commun.

N'est il pas tout-à fait semblable à celui qui s'exhale du souffre enflamé, en forme de fumée, & qui est suffocant & funeste à tous les animaux ? Au moins son analyse & sa résolution nous conduisent à le croire.

Peut-être donc que ce n'est pas sans raison qu'on regarde ce sel, comme un sel masculin, qui féconde les sels féminins & les terres.

Le sixiéme sel est l'alun, qui est un véritable fossile, qu'on tire ou d'unepierrequi se trouve à une grande profondeur en terre, & qui est dure, fendable, pleine de bitume & de souffre, & qui s'enflamme aisément ; ou d'une terre bitumineuse, combustible, & dont la flamme exhale une odeur de souffre qui est très-nuisible. Cette matiere, exposée à l'air pendant l'espace d'environ un mois, se reduit en poudre, & alors elle devient propre à produire de l'alun, ce quelle nétoit pas auparavant.

La pierre d'où se tire l'alun, é'tant mise au feu, après avoir été exposée à l'air, s'enflamme ; ce qui fait voir qu'elle renferme du souffre.

Cette matiere ainsi préparée par l'air & le feu, si elle est de pierre, se dissoud dans l'eau, & si l'on y mêle de l'alcali fixe ou volatil, il se fait une précipitation accompagnée d'effervescence : par-là l'acide qui domine, joint à l'alcali, forme un sel nouveau composé d'air, d'alcali, & de matiere fossile.

Cette matiere précipitée, séparée de sa liqueur lixivieuse, dissoute dans l'eau bouillante, épaissie dans un vase de plomb, & mise dans un tonneau, où elle reste tranquille, donne des crystaux blancs ou rougeâtres, de figure octogone, d'un goût doucereux, & un peu âpre, qui ne se dissolvent pas aisément à l'air, & qui ne se fondent que dans une quantité d'eau qui surpasse quatorze fois leur poids.

L'acide qu'on fait sortir de ce sel, par la force du feu, est presque le même à tous égards que cette vapeur acide qui s'exhale du souffre enflamé.

Le marc qui reste en assez grande quantité après qu'on en a chassé l'acide, n'est autre chose qu'une terre légère & subtile, semblable au bol.

Calciné avec le triple dè charbon,
il produit le Phofpore de Homberg;
il paroît par-là qu'il a une propriété
particuliere d'exciter du feu à l'aide
de l'air.

On peut conclure de ce qui vient *Principes des*
d'être dit, que pour former les fels *fels foffiles.*
foffiles, la nature a employé trois
fortes d'acides; favoir l'efprit de fel,
l'efprit de nitre, & l'efprit de fouffre, qui y font très-abondans; enfuite du fouffre, mais en plus petite
quantité, & enfin du phlegme & de
la terre.

DU SOUFFRE.

Le fouffre compofe principalement la troifiéme claffe de foffiles,
à laquelle on rapporte auffi quelques
autres corps.

Le fouffre eft un corps foffile, qui
fe durcit au froid, & qu'on peut réduire facilement en poudre; dans une
chaleur modérée, il fe fond & reffemble alors à de la cire fondue; dans
un vafe fermé on peut, par le moyen
du feu, le fublimer tout entier en
fleurs, & fans qu'il fouffre aucune al-

tération ; si dàns le tems qu'il est en
fusion, l'on y admet l'air, il prend
feu, & produit une flamme bleue
d'où s'exhale un vapeur volatile,
qui est mortelle pour les animaux.

Vif.   Le souffre se tire quelquefois de
la terre tel que je viens de le décrire,
mais rarement & en petite quantité ;
& alors il est, ou d'un jaune transparent, comme le succin, ou d'un
rouge transparent comme le rubis ;
c'est ce qu'on appelle souffre d'or ;
ou il est opaque, de couleur jaune
ou diversifiée, & alors on lui donne le nom de souffre vif, où souffre
vierge.

Commun.   Tout celui que l'on vend en Europe, se tire d'une pierre, nommée
Pyrite, & où l'on auroit peine à
croire qu'il y en a ; car si vous l'ex-
posez au feu, vous n'en tirerez pas
du souffre, mais une liqueur acide,
semblable à de l'acide de vitriol.

Il faut que cette matiere fossile soit
préparée suivant les régles de l'art,
pour que le feu en puisse tirer du véritable souffre.

Cela arrive quand la Pyrite a été
tenue long-tems dans un grand feu :

elle devient alors molle, elle se calcine, elle se fond & elle donne du
véritable souffre.

Mais si l'on a une mine qui con-
tienne du souffre deja tout préparé,
on se contente de la faire fondre dans
des creusets panchés & disposés de
façon qu'on puisse recevoir dans des
récipients le souffre qui en découle.

Le souffre & le vitriol se trouvent
dans les mêmes veines.

Ainsi l'art peut faire du souffre en
joignant de l'huile de vitriol, ou d'a-
lun, ou de l'esprit de souffre fait par
la campane, avec quelque matiere
végétable huileuse.

Ce n'est donc pas sans raison que
les Artistes ont appellé le souffre une
résine de la terre.

Lorsque par des fusions réitérées
on l'a purifié de toutes les matieres é-
trangeres qui nagent sur sa superficie,
ou qui vont au fond, on lui donne
une figure cylindrique en le jettant
dans des petites lingotiéres de bois :
c'est là le souffre commun, celui qui
est de couleur de Citron est le plus
estimé.

L'Orpiment a plusieurs propriétés *L'Orpiment.*

communes avec le fouffre ; il eſt fria-
ble, fuſible, il s'enflamme aiſément ;
quand il brûle il incommode par une
déſagréable odeur de fouffre, mais
non par aucun acide volatil ; c'eſt
un corps ſans activité, & qui n'eſt
pas mal faiſant ; il n'eſt pas auſſi nui-
ſible aux corps des animaux, qu'on
le croit communément ; la fuſion le
rend de couleur rougeâtre & fait qu'il
s'en détache une matiere volatile qui
eſt émétique. C'eſt mal à propos qu'on
l'a appellé arſenic jaune.

Cet orpiment natif, fondu au feu
dans un vaſe fermé, ſe convertit en
une maſſe fragile, qu'on peut réduire
facilement en poudre, & qui eſt d'une
belle couleur de minium ; elle n'eſt
pas fort âcre, ni fort vénimeuſe ; cependant, tant les Anciens que les Modernes l'ont nommée Realgar, arſenic rouge, Sandarach ; & cette con-
fuſion de noms a donné lieu à diverſes erreurs qui ſe font introduites
dans l'art.

Arſenic mo-
derne blanc.
L'arſenic eſt un corps blanc, cry-
ſtallin, péſant, caſſant ; c'eſt un violent poiſon ; on l'a découvert depuis
aſſez peu de tems ; il y a deux cens
ans

ans qu'il n'étoit pas connu ; c'est une production de l'art ; lorsqu'on fond le cobalt avec du sel alcali fixe & des Cailloux pour en faire de l'émail, il s'en éleve une fleur en maniere de farine, qui est un arsenic blanc & crud, on met ensuite cette fleur dans un vaisseau fermé ; on la fait fondre dans un feu violent, & on la laisse condenser en se refroidissant ; c'est là l'arsenic blanc qu'on vend dans les boutiques. Voyez là-dessus *Kunkel, de Arte Vitriaria*, où vous trouverez une exacte description du Fourneau qui sert à cet usage.

Si l'on fond cette fleur arsénicale de cobalt avec une dixieme par- *Arsenic mo-* tie de souffre, vous aurez de l'arsé- *derne jaune.* nic jaune, qu'il faut bien distinguer de l'orpiment, puisque c'est un poison insurmontable.

Si vous mêlez cette même fleur de Cobalt fondue au feu, à une cin- quiéme partie de souffre, vous aurez de l'arsenic rouge moderne, qui est aussi un poison, & qu'il ne faut pas confondre avec l'arsenic des anciens, pour les mêmes raisons que nous avons dites.

Tome I. E

Ainsi l'arfenic que nous avons à préfent ne reffemble pas fort au fouffre ; il a des propriétés fingulieres & qui ne fe trouvent nulle autre part ; il étoit inconnu aux anciens ; c'eft un poifon mortel pour tout animal ; & on ne peut guéres le rapporter à aucune efpéce de corps connus. Cependant il approche plus du fouffre que de tout autre corps ; c'eft pour cela que j'en parle ici. Voyez *Hofm. Obf. Phyf. Chym.*

Souffre Foffile liquide. Le Petrole. Il faut auffi rapporter à la claffe du fouffre, ces fubftances graffes, qui contribuent le plus à fa compofition, & qui font des productions naturelles de la terre. Tel eft le pétrole, ou huile de pierre. Son nom feul fait connoître fa nature & fon origine. Il eft exprimé du Bitume fondu ; il découle des rochers ; il eft très-fubtil, très-léger, d'une odeur forte ; parfaitement inflammable ; fouvent il nage au deffus de l'eau de fontaine ; la plupart des fes propriétés reffemblent fi fort à celles de l'huile diftillée, que bien des gens croyent qu'il eft préparé par un feu fouterrain. On l'appelle fouvent auffi un bitume liquide, duquel il diffère cependant beaucoup en couleur, en odeur, & en limpidité.

Le Naphte reſſemble fort au pé- *Le Naphte.* trole ; mais il eſt plus dilaté, moins épais & plus clair; il eſt fort inflammable, & quand une fois il a pris feu, il reſte long-tems enflamme, & il s'éteint difficilement : c'eſt la partie la plus pure & la plus ſubtile du bitume ; c'en eſt la fleur.

Le Bitume des Latins, qui eſt l'Aſphalte des Grecs, eſt plus épais que le Naphte & le Pétrole. C'eſt un corps fort ténace, mais qui ne laiſſe pas d'être fluide en quelque façon lorſqu'il a encore ſa premiere forme : quand il eſt dans ſon état naturel il nage ſur la ſuperficie de l'eau : il s'enflamme très-promptement.

Ce bitume, cuit & ſéché par la *Les Bitumes.* chaleur du Soleil, par la force du feu, ou par le tems devient luiſant, péſant & plus dur que de la poix ; on peut le fondre de nouveau au feu ; il ſe mêle fort bien avec d'autres huiles ; il eſt inflammable. C'eſt ce qu'on appelle poix, ou Bitume de Judée.

Le Piſſaphalt comme ſon nom le *Le Piſſaphalt.*

fa t connoître, tient le milieu entrē
la poix & le bitume : c'eſt un corps
noir, terreux, d'une odeur forte &
déſagréable ; & il ne ſemble différer
des précédens qu'en dégré ; peut-êrre
auſſi n'eſt-il qu'une production de
l'art ou de la nature, formée de diverſes matieres graſſes, jointes à du
bitume fondu.

Le Jays.   Quand il eſt perfectionné par la
nature, au point de devenir noir,
dur, terreux, fendable, poli, d'une
odeur forte, luiſant, il ſemble qu'a-
lors il forme cette pierre bitumineuſe
qu'on appelle Jays, ou *Lapis Thra-
cius Nicandri.*

Le charbon de Pierre.   Lorſque les parties graſſes du bitume ſe mêlent & ſe coagulent avec
des glébes pierreuſes, ou avec des
ſcories de métaux, elles forment un
corps dur, compoſé de diverſes pla-
ques ou lames, noir, gras, qui peut
ſe fendre, qui eſt inflammable ; c'eſt
là le charbon foſſile, ou charbon de
pierre, qu'il faut auſſi rapporter ici.

Le Succin.   Ce qu'on appelle ambre, carabé,
ſuccin, ou électrum, appartient auſſi à
cette claſſe ; car il ſemble qu'il tire
ſon origine d'un ſouſfre bitumineux;il

s'enflamme & il se fond au feu. Il est composé d'un sel acide, tant liquide que solide, & d'une huile fossile, qui ressemble fort au Pétrole. Il y en a de différentes sortes, du citrin, du jaune, du noir, du rouge.

On nous apporte très-rarement des Indes, de l'Huile de Terre, décrite par Neuhovius; les Princes d'Asie la gardent pour eux; ainsi je ne sçaurois déterminer si c'est une espece de Pétrole ou de Naphte. *L'huile de terre.*

Quand à celle qu'on transporte en Europe, & qu'on vend dans les boutiques sous ce nom; une personne très-entendue dans ces sortes de choses m'a appris qu'elle se faisoit avec de l'huile exprimée des Noix de cocos, & mêlée avec quelque terre médicinale : ainsi elle appartient entiérement à la classe des végétaux. Ce qu'on appelle huile des Barbades ne se feroit-elle point de la même maniere ?

DES PIERRES.

On donne le nom de Pierre à un fossile dur, qui n'est pas ductile, mais *Les Pierres* qui eſt caſſant, fixe & à peine fuſible au feu, & qui ne ſe diſſout point dans l'eau.

A ces marques on peut aiſément diſtinguer une Pierre de tout métal, de tout ſel, ou de tout ſouffre.

Il ſemble qn'on peut aſſez commodément diviſer les Pierres en tranſparantes, demi-tranſparentes, & opaques.

Les Pierres précienſes. Le nom de Pierres précieuſes, ſeroit aſſez propre pour déſigner les Pierres tranſparentes, & la Claſſe à laquelle on les rapporte.

Leur nature approche fort de celle du verre, preſque à tous égards, quoiqu'elles ſoient plus dures, plus ſolides, plus ſimples, & plus difficiles à fondre au feu. Elles ſemblent être compoſées de deux principes très-parfaits, très-fixes, & intimément mêlés enſemble, je veux dire de ſel & de terre; auſſi voyons-nous que des cendres ſalées ſe changent en verre, quand elles ſont fondues par le feu.

Une Pierre précieuſe bien tranſparente, & ſans aucun mêlange de couleur, reſſemble très-fort au verre.

Il semble qu'on devroit donner le premier rang dans cette Classe, au crystal blanc, net, pur, qui coupe le verre qui se fond très-difficilement au feu, qui est presque en tout semblable au verre, qui est produit par une application & un concours déterminé de divers rayons & de différentes couches.

On peut rapporter ensuite ici :

Le véritable Diamant, qui est un corps très-pur, très-dur, très-solide, d'une belle eau, fort brillant, & d'un grand prix ; c'est de toutes les Pierres précieuses celle qui ressemble peut-être le mieux au plus pur crystal ; il n'y a aucun corps qui ait la propriété de refléchir aussi bien la lumiere. Il résiste pendant très-long-tems au plus grand feu, sans qu'il en soit dompté.

Les faux diamants bien purs, ressemblent aux véritables, ils sont cependant moins durs, moins solides, & moins transparents.

Le Saphir blanc, approche fort du diamant, aussi bien que

L'Améthiste Orientale, lorsque l'Art ou la Nature l'ont rendue sans couleur.   E iv

La Topafe & le chryfolyte, auffi fans couleur, reffemblent de même au diamant.

On peut encore ranger parmi les Pierres tranfparentes la véritable Pierre étoilée, ou l'aftroïte, qui expofée au Soleil, a la propriété de réfléchir fuivant une loi fixe, les rayons de lumiere qui partent d'un point commun.

Plus ces Pierres font dures, folides, & tranfparentes, plus elles font eftimées.

Les Pierres précieufes qui font tranfparentes à la vérité, mais qui font enrichies en même tems de magnifiques couleurs, femblent être d'une matiere femblable à celles dont nous venons de parler; elles n'en différent, qu'en ce qu'une teinture métallique, ou qu'elqu'autre fubftance fixe & foffile s'eft mêlée, & s'eft jointe intimément avec elles dans leur formation. C'eft ce qu'on peut prouver par la reffemblance de leurs couleurs avec diverfes teintures métalliques, & par la maniere dont on en fait d'artificielles.

Les principales de ces Pierres font

l'Améthifte, le béril, le chryfolyte, l'emeraude l'efcarboucle, le grenat, l'hyacinte, l'opale, le rubis, le faphir, la topafe. Je crois qu'on peut auffi ranger dans cette claffe les cryftaux colorés.

Ce qui fait le prix de ces Pierres eft leur grande dureté, leur folidité, leur pureté, leur fimplicité, & l'éclat de leur couleur.

Il y a une autre forte de Pierres qui tiennent le milieu entre les Pierres opaques & les pierres précieufes, qu'on peut appeller à caufe de cela demi-opaques. Elles paroiffent être d'une nature plus compofée que les précédentes. Les principales font les fuivantes, qui différent en dégré d'opacité.

L'Agate, la véritable pierre Arménienne, une autre efpéce d'aftroïte, la chalcedoine, la cornaline, la crapaudine, la pierre d'héliotrope ou le véritable jafpe oriental, le jafpe, le véritable lapis lazuli : la pierre appellée malachites, la pierre néphretique : l'œil de chat, la pierre d'onyx, le fable, une efpèce de cornaline appellée pierre de fardaigne, la

E v

fardoine, la félenite, la turquoife.

Ces pierres font auffi eftimées à proportion de leur folidité, de leur dureté, de leur tranfparence, & de la beauté de leurs couleurs.

Les autres pierres opaques font, la pierre d'aigle, l'albaftre, l'amiante, la bélemnite, le gip, la pierre hématites ou fanguine, le jafpe, la pierre judaïque, la pierre de touche, l'aiman, le marbre blanc, cendré, jaune, brun, noir, porphyre, rouge, verd, la pierre ferpentine, l'ofteocole, la pierre ponce, la pierre de chaux: les pierres à éguifer ou queux, la pierre de moulin, le caillou, la pierre fpéculaire, l'emeri, le talc, le tripoli.

Ces dernieres pierres ne font pas toujours toutes de la même nature; quelques unes peuvent fe changer en verre, & d'autres fe convertiffent en une chaux très-fixe au feu.

Les Terres. Enfin il faut ranger dans cette claffe, les terres foffiles natives, qui font pour l'ordinaire graffes, qui petries avec de l'eau peuvent fe réduire en pâte, & qu'à caufe de cela on appelle communément bols : mais elles ne peuvent fe diffoudre ni par l'eau ni par le feu. Ces terres font l'argile, l'agaric minéral ou lait de lune, la terre cimoliéne, la terre à foulon, le bol blanc, la terre arménienne, la terre de chio, la terre érétrienne, la terre lemnienne, la terre jaune, la terre de malte, la terre rouge, les crayes rouges, la terre de famos, la terre de felinufe, toutes les terres figillées, la terre de tokai.

Il y en a d'autres qui font plus maigres, telle que la craye blanche, la marne, l'ochre.

DES DEMI-MÉTAUX.

La feptiéme claffe des foffiles contient ceux qui renferment ou des véritables métaux connus, ou des corps qui approchent fi fort des métaux, qu'on peut les regarder comme tels, & que même de bons Auteurs les ont rangés parmi eux. S'ils font très-fimples, on peut les rapporter commodément à trois efpèces différentes.

I. Les demi-métaux qui font com-*Les Vitriols.* pofés d'un véritable métal & d'un fel unis enfemble.

E vj

On les appelle communément vitriols, *Atramenta futoria, Chal-
cantha.*

Il y en a de deux fortes : les uns
doivent leur origine au fer, & ils font
de couleur verte ; les autres font produits par le cuivre, & ils font ordinairement d'un beau bleu. Quand aux
autres métaux il eft fort rare de les
trouver diffous dans les mines ; parce que ce n'eft pas là que fe rencontrent leur diffolvants, qui font l'acide de nitre, ou l'efprit de nitre, ou
l'efprit de fel marin. De-là vient que
vous ne trouverez prefque jamais de
folution d'or, d'argent, de mercure,
de plomb, d'étain liquide ou con-
gelée, ou fi vous en trouvez ce fera
en très-petite quantité.

Il eft vrai que le plomb peut-être
diffout dans un acide affez foible ;
mais la Chymie nous apprend qu'il
eft en même tems très-difficile de le
réduire en cryftaux, & qù'il quitte
prefque d'abord fon acide, pour fe
convertir en poudre connue fous le
nom de cérufe : cela eft auffi vrai de
l'étain.

Ainfi tout vitriol foffile, qui jufques ici ait été tiré hors de la terre, est formé seulement de fer ou de cuivre.

Je ne veux cependant pas nier que quelques particules d'autres métaux ne puissent se mêler au vitriol quand il est encore liquide, & se coaguler ainsi avec lui : mais que ces autres métaux soient dissous uniformément par le même dissolvant, & qu'ils se joignent intimément avec le fer & le cuivre qui entre dans le vitriol ; c'est ce qu'il faut prouver.

Le Dissolvant de Mars & de Venus est le même, c'est un acide qu'on peut séparer de l'un & de l'autre par un feu violent, & qu'on appelle esprit, ou huile de vitriol. L'Art tire aussi ce même acide de l'alun, ou du souffre, en condensant la fumée qui s'en exhale lorsqu'il est enflammé.

Et même les vitriols & le souffre, naissent, se forment & se tirent de même matrice ; je veux dire des pyrites, qu'on expose à l'air, après qu'on les a tirées de terre, & qu'on délivre de leur souffre superflue, ensuite on les réduit en poudre, on les fait dissoudre dans l'eau, & alors elles

se cryftallifent autour de petites ba-
guettes de bois placées pour cet
effet.

Le vitriol fe tire auffi du Mify des
Anciens, par la feule folution &
criftallifation.

Il fuit de là qu'il y a cinq fortes
de vitriols. 1. Le verd, qui n'eft compofé que de fer, & d'efprit de Souffre: il eft fort eftimé pour fes vertus
médicinales, & très-bon pour faire
de l'encre. 2. Le bleuâtre, qui eft
formé de beaucoup de fer, & d'une
moindre quantité de cuivre, le tout
diffout par l'efprit de fouffre. Si vous
en faites la diffolution dans l'eau,
& que vous y mettiez des lames de
fer, il les teindra d'un rouge de cuivre, ce qui fait voir qu'il renferme
quelque peu de ce dernier métal.
3. Le vitriol blanc; il femble différer
peu du véritable vitriol verd; peut-
être que toute la différence qu'il y a
entr'eux ne vient que de ce que le
premier eft produit par une chaleur
un peu plus grande, comme nous
voyons que cela a lieu dans le vitriol
artificiel; car d'ailleurs leurs autres
propriétés font abfolument les mê-

mes. 4. Le chalcite ou colcothar ; c'eſt un véritable vitriol rouge, qui eſt auſſi très-ſemblable au verd, & que l'on peut réſoudre dans les mêmes principes : le fer & l'acide de ſouffre entrent principalement dans ſa compoſition , & cela peut-être avec quelque mêlange de cuivre. 5. Le vitriol de Chypre , ou de Hongrie, qui eſt tout-à-fait bleu : il eſt formé par le cuivre ſeul , & par la même liqueur acide du ſouffre. Il ſemble donc que le ſory qui eſt un Corps très-âcre, dur, craſſe, gras, glébeux , n'eſt autre choſe qu'un ſuc de vitriol condenſé , dé couleur cendrée & noire , d'où ſe forme le vitriol par le ſecours de l'eau.

Ce qu'on appelle Melenteria, qui eſt un corps cendré ou noir, glébeux & cauſtique, eſt auſſi de la même nature, de la même origine, & à la même claſſe.

Le fer & le cuivre font donc la baſe de toutes ces eſpeces de vitriols , l'Acide de ſouffre en eſt le diſſolvant, & l'eau qui détrempe l'acide , & qui range à leur place les glèbes de métal , leur donne la figure & la tranſparence : ainsi il paroît qu'il faut chercher la raison de la diversité qu'il y a entr'eux, dans la différente proportion de ces trois principes, comme les Anciens l'ont remarqué.

Je le répete donc, l'eau, les esprits acides du souffre, & le fer ou le cuivre, mêlés en certaine proportion, & congelés ensemble, forment les vitriols natifs.

II. Les autres demi-métaux sont un composé de souffre & de métal, joints ensemble. En voici les principaux.

Le cinabre natif, ou le Minium des Anciens, est composé de souffre & de mercure fondus & unis dans les mines mêmes par un feu souterain : on en a une preuve dans le cinabre artificiel. On le resoud aisément en véritable souffre & en Mercure ; & il paroit par-là que la Nature seule produit en abondance du souffre dans les mines.

Le stibium des Anciens, qui est le στίμμι des Grecs, & l'Antimoine des Modernes, est un composé de véritable souffre, & d'une matiére

très-semblable à du métal. Si l'on
pouvoit le rendre ductile sous le
marteau, il auroit toutes les véritables propriétés métalliques. &
seroit un septiéme métal ductile.
Mais on est obligé d'avouer que
jusques ici on n'a pas connu la
méthode de le purifier au point
de le rendre tel ; quoique Boyle assure, que par un art secret on
en a tiré un véritable mercure fluide ; & que même les apprentifs, &
ceux qui cherchent à faire des dupes
se vantent encore aujourd'hui de
pouvoir exécuter la chose. Il se fond
au feu, & même il facilite la fusion
des autres fossiles.

Comme il est fragile si on le
mêle avec des corps ductiles, il les
rend aussi fragiles.

Il en est de même de sa volatilité
qu'il communique à tous les corps
qui font d'ailleurs fixes au feu, & cela presque sans aucune exception.

Il ajoute un nouvel éclat & une
nouvelle beauté à l'or.

Enfin, il paroît être d'une nature
assez semblable à celle de l'arsenic
blanc.

Le bifmuth, ou bifemut, reffemble à l'antimoine ; il eft compofé de petites lames pofées les unes fur les autres ; il eft d'un blanc éclatant qui approche de celui de l'argent : il eft moins caffant & plus dur que le précédent, il n'eft pas ductile fous le marteau ; on a des preuves certaines qu'il renferme du foufre ; lorfqu'un acide agit fur lui, il fe fépare de fa partie bitumineufe ; il eft moins fixe au feu que les métaux, & même il rend volatils & caffans ceux avec lefquels on le mêle.

Le zinck, ou zain, reffemble fort au précédent, mais il eft moins caffant.

III. On peut auffi rapporter aux demi-métaux tous ces corps foffiles, criftallins, pierreux, & terreux qui font mêlangés de parties véritablement métalliques ; tels qu'on en trouve plufieurs dans les veines d'où l'on tire les métaux. Leur nombre eft très-grand, en voici les principaux.

La pierre arménienne, ou pierre d'afur, ou lapis lazuli ; elle eft unie, de couleur bleue , & parsemée de paillettes qui brillent comme de l'or ; aussi dit-on qu'elle contient beaucoup de ce Métal.

La pierre hématite ou sanguine ; elle est riche en matiére métallique ; elle ressemble beaucoup au fer , & sublimée par le sel ammoniac , elle exhale une forte odeur de souffre aromatique : c'est pourquoi elle a été appellée par quelques personnes , aroph , ou l'aromate des Philosophes.

La pierre d'aiman ; elle aime le fer, elle en a presque la couleur , & est à peu près de la même nature.

On pourroit peut-être ranger aussi dans cette classe l'ocre, qui semble n'être qu'une précipitation du fer des eaux chalybées.

Par tout ce qui vient d'être dit , on peut se former une idée des principes qui entrent dans la formation des fossiles ; & il paroît qu'on peut les rapporter principalement au mercure, aux souffres métalliques, aux sels, aux souffres combustibles , à la terre & aux pierres. On trouve au reste

une grande diversité entre ces principes, si on les examine avec soin
dans chaque fossile en particulier.
Nous apprenons encore ici que les
fossiles contiennent un sel acide extrêmement actif, & que leurs autres
principes ne sont mis en mouvement
que par le feu seul.

DES VÉGÉTAUX.

Une Plan-
te considérée
en général.
La seconde classe des corps qui
font l'objet de la chymie comprend
les végétaux, ausquels on donne
communément le nom de plantes.

Par une plante on entend un
corps hygraulique, qui contient dans
différens vaisseaux, diverses sortes
de fluides, & qui par quelqu'une
de ses parties extérieures est attaché
à un autre corps, duquel il tire, par
cette même partie, la matiére qui le
nourrit & le fait croître.

Cette définition fait voir clairement comment une plante différe de
la matiére fossile que je viens de
décrire, soit à l'égard de ses parties
solides, soit à l'égard de ses divers
sucs, soit à l'égard de sa composi-

fion totale, qui eft due à l'union de fes parties tant folides que fluides.

Sa partie extérieure, qu'on appelle racine, & par le moyen de laquelle elle tire fa nourriture, & du corps qui la lui fournit, la diftingue auffi fuffifamment de tout animal connu.

Les parties folides des végétaux font de la terre pure, bien liée par une colle ténace & huileufe, & qu'on ne peut en féparer que par le moyen d'un feu vif & ouvert.

Les vaiffeaux des plantes ne différent pas feulement dans leur fabrique & dans leur pofition, mais il y a encore une très grande variété entre les matieres qu'ils contiennent & leurs vertus.

La racine eft deftinée à affermir *La Racine* la Plante dans la terre, ou, & c'eft à ce feul égard que nous devons la confidérer ici, à en tirer de la nourriture ; quelquefois même toute fa furface eft propre à cette fonction, comme cela paroît affez clairement dans les trufes, ou dans les pommes de terre.

Pour cela, toute fa furface eft par-

semée d'une infinité de petites bou-
ches, qui succent le suc nourricier
& l'introduisent dans les vaisseaux
dont elles sont les ouvertures, d'où
il se distribue ensuite dans tout le
corps de la plante. On peut comparer avec assez de justesse ces vaisseaux aux veines lactées du mésen-
tere, & aux autres veines absorben-
tes des animaux.

Dès que le suc y est entré, il n'a
pas d'abord les qualités qui sont
propres à la plante ; il est encore
crud, & retient la nature des corps
qui le fournissent. Et ces corps sont
ordinairement la terre ou l'eau, qui
reçoivent de nouveau tôt ou tard
ce que les plantes en tirent : car
toutes celles qui naissent sur la terre
ou dans l'eau, quand elles meurent,
redeviennent partie de cette même
terre ou de cette même eau ; ou
bien elles se dispersent dans l'air,
d'où elles retombent dans le sein du
la terre, ou de l'eau en forme de rosée, de brouillard, de nége, de
grêle, de gelée blanche & de pluye.
La terre est donc un cahos de tous
les corps passés, présens & futurs,

duquel tous tirent leur origine, &
dans lequel tous retombent fure-
ment.

L'eau, les efprits, les huiles, les
fels, & toutes les autres chofes qui
entrent dans la formation des plantes, font renfermées dans la Terre ;
un feu fouterain, ou un feu artificiel, ou la chaleur du foleil les met
en mouvement, & fait qu'elles fe
mêlent avec l'eau , & que par ce
moyen elles peuvent s'appliquer aux
racines des plantes, qui pénétrent
dans la terre.

De même l'eau de la mer, des
rivieres, des lacs, reçoit, auffi-bien
que la terre, les corps qui font dif-
perfés dans l'air, & elle en contient
encore plufieurs autres, qu'elle diffoud dans la terre même.

Ces fucs cruds, circulent donc
dans les Plantes, en abondance,
& avec affez de rapidité furtout au
Printems ; & fi alors on les examine,
on les trouve aqueux, fort dilaiés,
& quelque peu acides; on en a une
preuve convaincante dans ces liqueurs qui diftillent au mois de Mars,
par des incifions faites au bouleau,

au noyer & à la vigne.

Ensuite ces sucs poussés dans les divers organes de la plante, par un effet de la fabrique de la plante, même par un feu souterrain, ou par la chaleur du soleil, par le ressort de l'air, par la vicissitude du tems qui est tantôt humide, tantôt sec, aujourd'hui froid & demain chaud, par le changement du jour & de la nuit & par celui des saisons; ces sucs, dis-je, se changent insensiblement, se cuisent, se perfectionnent par dégrés, se distribuent continuellement dans chaque partie & deviennent ainsi les sucs propres à la plante.

Les feuilles. Les feuilles, en conséquence de la construction, du nombre & de la finesse de leurs vaisseaux, reçoivent les sucs les plus subtils; elles augmentent considérablement l'étendue de leur surface & les exposent presque à découvert à l'air que différentes causes rendent actif; par-là elles les changent, les cuisent & les façonnent tels qu'ils doivent être; après quoi elles les rendent à la Plante : de sorte que les feuilles font l'office de Poumons, comme les Observations

ſervations de Malpighi nous l'apprennent.

Les ſucs propres aux feuilles ſont
une eſpéce de miel, & dont elles
ſont enduites pendant les nuits de
l'été, la cire, la manne & le thére-
niabin. Ces ſucs mis en mouvemens
& cuits par la chaleur du ſoleil, ſe
condenſent par le froid de la nuit;
ce qui fait qu'on peut les recueillir
aiſément.

Enſuite les calices, les pétales, *Les Fleurs.*
les étamines des fleurs avec leurs
ſommets perfectionnent encore davantage ces ſucs ainſi préparés, leur
impriment plus fortement le caractere diſtinctif de leur plante, les
diſpoſent & les rendent propres à
produire, à conſerver & à nourrir
le nouvel Embryon; l'affinité que
l'on remarque entre les fleurs & les
feuilles, leur proximité, l'origine
des Boutons & la conſtruction des
fleurs, ne nous permettent pas d'en
douter.

C'eſt dans les fleurs que naît cette
odeur agréable, ſi propre à remettre les eſprits dans leur aſſiéte
naturelle, & à rappeller à la vie,

Tome I.   F.

pour ainsi dire ; & cette odeur est
dans toute sa force, lorsque la fleur
est parvenue à son état de perfection;
c'est peut-être une liqueur dont l'o-
deur prolifique est favorable à l'embryon : au moins est-il certain que
c'est une liqueur très-pure & très-
excellente, qui mêlée avec d'autres
choses, perd une partie de son mérite & de son prix.

C'est aussi dans les fleurs que se
produit un miel, qui découle dans
des réservoirs artistement travaillés
que la nature prévoyante a placé
au bas des pétales de la fleur. Les
abeilles vont le prendre là, & ensuite
elles le transportent dans leurs ruches où elles en forment des rayons,
qu'elles affermissent avec de la
cire.

Et cette cire se forme encore aux
sommets des étamines, aussi bien que
sur les feuilles : les abeilles la ramas-
sent avec leurs pieds, que les petites
pointes, dont ils sont hérissés, rendent propres à cet ouvrage ; elles
la forment ensuite en petites boules,
dont elles chargent la partie posté-
rieure de leur corps pour les em-

porter dans leurs ruches, où elles les employent à la compofition & à l'affermiffement de leurs rayons.

Le fruit renferme la femence, avec *La femence.* ce qui y eft contenu. La femence eft l'embryon de la plante avec fes diverfes enveloppes : celles-ci ont à peu près le même ufage dans les plantes, que les membranes qui environnent les Fœtus des animaux ; quelquefois il n'y a qu'une de ces enveloppes, quelquefois il y en a deux ou un plus grand nombre ; l'embryon leur eft adhérent par un filet ombilical. Elles font ordinairement remplies d'un Baume renfermé dans des petites cellules deftinées à cet ufage. Ce Baume femble être une huile portée à fa plus grande perfection, que la plante dépofe ici toute préparée dans de petits refervoirs. Par le moyen de ce qu'il a d'huileux & de ténace, il écarte de l'embryon toute humidité étrangère ; par fa vifcofité il retient cet efprit fubtil, pur & volatil, qui eft la plus parfaite production de la plante, & que les Alchymiftes appellent efprit recteur, habitant du fouffre, archée, ferviteur de la nature.

F ij

On n'a jamais remarqué que cette huile entrât dans les vaisseaux de l'embroyon ; ils sont trop petits pour cela, & l'huile est trop épaisse. Peut-être que l'esprit excité par la force de la végétation, insinue dans les alimens de l'embryon un principe de vie, & leur imprime le caractère qui sert à en distinguer l'espéce : après quoi tout se change & revêt la nature qui est propre à cette plante. Au moins est-il certain que cet esprit a une efficace qui lui est particuliére ; car s'il vient à se perdre, l'huile qui reste est insipide & n'a plus rien d'actif : c'est lui qui donne à la plante son odeur & son goût, & même une partie de la couleur qui lui est propre. Isaac Hollandus appelle cet esprit, la quintessence de la plante.

Cependant comme les fibres sé-ches & cassantes des plantes, demandent d'être ramollies de tems en tems pour pouvoir se plier sans se rompre, elle sont pourvues d'une autre espéce d'huile qui coule dans des vaisseaux particuliers, le long des filamens ligneux : on peut voir cette huile au milieu du bois, d'où elle distille

quand il est échauffé ; par la chaleur,
& avec le tems, elle se change aisément en baume, ou en résine.

Lorsque cette huile, moins vola- *L'écorce.*
tile que les autres sucs, est cuite par
la chaleur de l'Eté, elle est portée
dans l'écorce, qui est fournie de petits reservoirs, comme la membrane
adipeuse des animaux ; cette huile là
rassemblée y est d'abord fixée par les
premiers froids de l'automne, & forme comme une couverture de graisse
qui sert à défendre tout le corps de
la plante contre le froid de l'hyver,
& à empêcher que la gelée ou l'eau
ne la gâtent. Elle contient toujours
un esprit acide, qui est l'antidote de
la pourriture. Il y a telles plantes
qu'on nous apporte de l'Asie & des
Indes dont tout le prix est dans cette
huile de l'écorce ; nous le voyons
dans la canelle qui croît en Asie ;
c'est de l'écorce de cet Arbre qu'on
tire cette excellente huile, qui se
vend au poids de l'or ; & l'écorce de
sa racine fournit une autre huile très-
admirable & d'un grand usage dans
la médecine ; c'est mal-à-propos
qu'on lui a donné le nom d'huile de

camphre à cauſe de ſon odeúr. **Le bois de ſaſſafras**, qu'on nous apporte d'Amérique, renferme auſſi dans ſon écorce une huile fort eſtimée, auſſi bien que le quinquina, ce fameux fébrifuge qui croît dans les mêmes contrées. Il en eſt de même de pluſieurs de nos plantes médicinales de l'Europe ; c'eſt ſouvent dans leur écorce qu'il faut chercher leur principale vertu ; on en a des exemples dans le caprier, le tamaris & le frène. L'écorce eſt donc remplie de cette huile pendant l'hiver ; mais par la chaleur du Printems & de l'Eté les autres ſucs, qui abondent en eau, en ſel & en ſavon, propres à toute la plante, traverſent en abondance cette couverture extérieure des arbres ; c'eſt pourquoi dans ce tems là, on en tire par la Chymie des principes tout différens de ceux qui s'y trouvent dans une autre ſaiſon. L'huile propre à l'écorce, dans ſon état naturel eſt liquide ; mais elle s'épaiſſit avec le tems ou par la chaleur du Soleil, & peu à-peu elle acquiert la conſiſtence d'un baume, & alors on lui donne un autre nom. Un plus

long-tems & un plus grand dégré
de chaleur la rendent encore plus
épaisse, & en font une huile à moitié résineuse ; enfin les mêmes causes
augmentées, ou continuées, la changent tout-à-fait en véritable résine,
dont elle prend aussi le nom ; cette
résine qui doit ainsi son origine à
l'huile, contient une moindre quantité d'esprit acide, elle s'enflamme &
elle se fond au feu ; elle se dissoud
& se mêle aisément avec l'huile,
mais l'eau n'a jamais aucune prise sur
elle pour la dissoudre ; elle se durcit
au froid, & alors elle perd sa téna-
cité huileuse, & devient cassante.
Mais cette même résine change aussi
de nom, car cuite & durcie encore
davantage, on l'appelle colophone.
On trouve aussi dans l'écorce un autre suc, qu'on nomme gomme, c'est
une matiere fléxible, ténace, fusible
& inflammable, qui conserve sa té-
nacité dans le froid, à moins qu'il
ne soit excessif, & qui peut se dissoudre entiérement dans l'eau. Ce mu-
cilage huileux est comme un vernis
qui sert à couvrir & à défendre les
boutons des arbres, dont il se sépare

F iv

cependant aifément par une chaleur humide ; de forte qu'il n'eft pas à craindre que venant à fe durcir il nuife à ces tendres rejettons.

Lorfque la gomme fe mêle auprès de l'écorce avec la réfine, ce qui arrive très fouvent dans les plantes qui appartiennent à la claffe des Um-belliféres , il fe forme un fuc qu'on appelle gomme - réfine ; auffi eft - il compofé en partie d'une matiere qui fe diffoud aifément dans l'eau , & qui a toutes les qualités de la gom-me ; & en partie d'une autre matiere qui fe mêle facilement avec l'huile , qui fuit l'eau , & qui eft une vraie réfine. L'aloës , le galbanum , la myr-rhe & plufieurs autres , ont cette pro-priété.

Enfin chaque plante a fon fuc par-ticulier , qui eft produit par toutes les forces réunies de chacune des par-ties de la plante , qui agiffent fuccef-fivement fur le fuc crud qui y entre ; de-là vient que ce fuc ainfi préparé contient les véritables propriétés & vertus de la plante. Il n'eft prefque pas poffible de le rapporter à aucune claffe de chofes connues ; on doit le regarder comme quelque chose de singulier.

Si vous examinez une feuille de *Le suc propre* grande chélidoine, adhérente à sa plante encore vivante & verte, vous verrez qu'il part du pédicule de cette feuille des fibres qui se dispersent de tout côté, qui jettent des petits rameaux, qui se joignent ensemble, & forment ainsi un ouvrage à réseau très-composé, & qui occupe presque toute l'étendue de la feuille. Faites une piquûre à l'une de ces fibres, aussitôt il en sort un suc abondant, de couleur d'or, & qui contient les véritables propriétés de la chélidoine. De même aussi dans l'aloës commun, il y a des conduits particuliers qui renferment un suc jaune & amer que l'art peut en tirer : c'est encore ainsi que l'opium, qui est premierement une liqueur de couleur de lait, distille par une incision faite au pavot. Si l'on mêle ces sucs avec les autres sucs de la même plante, il resulte de ce mêlange un composé fort différent de ce qu'étoit chacun de ces sucs pris séparément.

Voilà ce que j'ai crû devoir re-

F v

marquer fur l'hiftoire des plantes,
avant que d'expliquer les différentes
méthodes que fuit la Chymie dans
fes opérations fur les végétaux; & je
ne vois pas qu'il foit néceffaire de
m'étendre davantage là-deffus; j'en
ai dit affez pour prouver que c'eft en
vain que certains Chymiftes promettent de faire voir, féparées des autres,
ces parties des végétaux, qui contiennent toute la vertu particuliere de chaque plante. Il faut pour en venir à bout
qu'ils employent des moyens tout différens de ceux dont ils fe fervent; ou
autrement, quelque peine qu'ils fe donnent, ils n'avanceront rien, au contraire ils nous jetteront dans l'erreur.
Avec le refpect qui eft du à des Auteurs de réputation, je prendrai la liberté de dire que la diftillation, la
fermentation, la putréfaction & la
combuftion, changent fi fort la conftitution particuliere d'une plante, &
par conféquent les vertus médicinales qui en dépendent, qu'il faut s'en
fervir avec beacoup de précaution,
avant qu'il foit permis de prononcer
en conféquence de quelques-unes de
ces opérations, fur la véritable cau-

tes de ces vertus. Il ne faut cepen dant pas à cause de cela révoquer en doute l'utilité de la Chymie : au contraire on doit cultiver cette Science avec plus de soin, parceque c'est la seule qui nous indique ce qu'on peut tirer de chaque chose donnée par telle opération déterminée, & parce que c'est encore la seule qui corrige les erreurs de ceux qui s'y appliquent. Ces deux avantages la rendent suffisamment recommandable, & font qu'elle peut nous conduire à une infinité de belles découvertes.

L'esprit recteur, l'huile subtile ou réside proprement cet esprit, un sel acide, un sel neutre, un sel alcali fixe ou volatil, une huile mêlée avec du sel en forme de savon & un suc savoneux qui en résulte, une huile très-adhérente avec de la terre dont on ne peut pas la séparer aisément; enfin une terre pure qui sert de base ferme à tous les autres ; voilà quels font les principes qu'un Artiste prudent peut tirer des plantes, par le moyen de la Chymie, & qu'il est en état de séparer les uns des autres.

F vj

DES ANIMAUX.

La troisiéme claſſe des corps, ſur leſquels roulent les opérations de la Chymie, s'appelle le régne animal. Le but des Chymiſtes eſt uniquement d'examiner ce qu'il y a de corporel dans les animaux, en laiſſant à quartier l'autre principe dont ils ſont compoſés : ainſi quand ils parlent d'un animal, ils entendent ſimplement ſon corps, ou quelques-unes de ſes parties. Dans ce ſens donc un animal eſt un corps hygraulique, qui vit en conſéquece d'un mouvement continué & déterminé d'humeurs qui y circulent ; & qui a intérieurement des vaiſſeaux, ſemblables aux racines des végétaux, par leſquels il attire la matiere qui lui ſert de nourriture & qui le fait croître.

Ces vaiſſeaux qui tiennent ici lieu de racines, dans preſque toutes les eſpeces d'animaux connus, aboutiſſent la plûpart aux inteſtins grélés ; on les appelle veines laⱹtées & veines du méſentere. Le manger & le boire appliqués aux ouvertures de ces vaisseaux absorbent, fournissent la matiere qui sert à nourrir les animaux, & sont pour ceux-ci ce que la terre est pour les végétaux. Ainsi les surfaces concaves de la bouche, de l'ésophage, du ventricule, des intestins grèles, qui sont intérieures à chaque animal, sont les parties ausquelles les alimens s'appliquent. D'où il paroît que les plantes tirent leur suc nourricier par des racines extérieures, au lieu que les animaux la tirent par des racines qu'ils ont dans l'intérieur de leur corps. La terre qui fournit la nourriture aux végétaux les environne extérieurement ; mais ce qui fournit la nourriture des animaux, est constamment dans l'intérieur de leur corps : & cela a même lieu dans ces animaux, qui sont naturellement fixés & adhérents à quelqu'autre corps, tels que les moules, les huitres & d'autres Zoophytes, attachés par de forts ligamens à une Coquille, qui est elle-même fixée contre un morceau de roc, ou de bois. Cette coquille, aussi longtems que l'animal est en vie, tire ce qui lui sert de nourriture, ce qui la fortifie & la fait croî-

tre, du corps qu'elle renferme, par
des petits vaisseaux destinés à cet usage ; l'animal qui y est renfermé a dans
la cavité de ses intestins les alimens
qui le nourrissent, & qu'il a avalés
par la bouche, comme les autres animaux qui sont libres, & qui peuvent
changer de place.

Il y a plus : les fœtus des animaux
ovipares, sont renfermés dans leur
coque ; là échauffés par une chaleur
fécondante, ils se nourrissent du blanc
de leur œuf, ils croissent & se forti-
fient au point de pouvoir se tirer du
jaune où ils sont comme enracinés,
& de sortir de leur prison en rom-
pant la coque qui les couvre. De
même les fœtus des animaux vivipa-
res sont renfermés dans des œufs ad-
hérens au ventre de leurs mere, par
le moyen du placenta ; ils y sont
nourris & soutenus par le cordon ombilical. Cependant ces fœtus, qui
dans ce tems-là ressemblent si fort à
une plante par leur placenta, par le
jaune de leur œuf, par leur cordon
ombilical, & par leurs vaisseaux om-
bilico-hépatiques, prennent aussi avec
leur bouche la liqueur contenue dans

l'amnios, la font defcendre dans leurs inteftins , & par là fe nourriffent comme les autres animaux.

On voit donc ici la reffemblance, & en même tems la différence qu'il y a entre une plante & un animal.

Et de plus, comme il y a des plantes qui font fixes dans la terre, d'autres qui flottent dans l'eau, & des troifiémes qui vivent fur terre & dans l'eau, de même nous voyons qu'il y a des animaux terreftres, aquatiques & amphibies.

Enfin comme les plantes tirent de l'air certaines humeurs, qui viennent s'appliquer aux petites ouvertures qui font à leur fuperficie, il en eft de même des animaux.

Nous découvrons encore une grande conformité entre ces deux efpéces d'êtres, par rapport aux alimens qui fervent à leur fubfiftance. Comme les plantes font compofées d'un fuc qu'elles tirent de la terre, de même les animaux fe nourriffent des végétaux, ou bien d'autres animaux, mais qui fe font nourris eux-mêmes des végétaux ; ainfi les uns & les autres font formés de la même matiere.

Et comme 'ce suc que les plantes reçoivent de la terre, est encore crud & n'a pas les propriétés de la plante dès qu'il entre dans les racines; de la même maniere aussi la nourriture qu'un animal vient de prendre, & qui se trouve en chyle, ne revêt pas d'abord la nature de l'animal, mais conserve encore pendant longtems celle des corps qui l'ont fournie.

Il est vrai que dans la suite, par l'action du corps animal, cette nourriture se mêlant avec d'autres humeurs déja cuites, se change insensiblement d'une façon très-surprenante, & prend diverses formes suivant les différentes parties auxquelles elle est destinée; comme j'aurai occasion de le faire voir dans un autre endroit. Il me suffit à présent de remarquer que plus les alimens ont circulé long-tems dans les diverses parties du corps; que plus est grand le nombre des divers fluides avec lesquels ils ont été mêlés incorporés; plus aussi ils sont éloignés de leur nature primitive & approchent de celle du corps dans lequel ils sont.

Esprits dans Parmi les humeurs des animaux,

il y en a une qui eſt beaucoup plus les animaux: ſubtile & plus volatile que les autres ; on l'appelle eſprit : il paroît que cet eſprit a un efficace tout-à-fait ſinguliere & qui diſtingue chaque animal de tout autre. Nous en voyons l'effet ſur les chiens de chaſſe qui peuvent ſuivre pendant fort longtems, & diſtinguer au milieu d'une infinité d'autres, les traces de l'animal qui a d'abord frapé leur odorat ; ils nous montrent la même ſagacité quand il s'agit de leur Maître, ils ne manquent jamais de le trouver quoiqu'il ait paſſé dans les rues les plus fréquentées, ou dans des lieux où il y a toujours un grand concours de monde. Cela nous apprend combien ces vapeurs qui s'exhalent des corps doivent être ſubtiles, & diſtinctes de toute autre choſe. Il ſemble qu'elles ſont d'une nature huileuſe, ou qu'elles réſident dans un véhicule huileux des plus ſubtils. C'eſt au moins là ce que nous en devons penſer, ſi nous en jugeons par leurs autres propriétés & par l'Analogie.

L'eau fait la plus grande partie Leur cau. des humeurs des animaux, de même

que de bien d'autres fluides ; & le est
même si intimément mêlée a vec toutes
leurs parties solides, qu'il n'y en a presque aucune qui en soit entierement
privée ; c'est ce que la Chymie nous
a apris il y a déja long tems.

leur sel.

Les animaux ònt un sel qui leur
est particulier, qui différe de ce sel
qu'ils prennent avec leurs alimens,
& que l'action de leur corps n'est
pas capable d'altérer.

On n'a jamais découvert que ce
sel fut fixe.

On ne l'a pas trouvé non plus
affez volatil pour que la chaleur de
l'animal le plus chaud, pendant qu'il
est en santé, pût le faire exhaler.

Si cependant on l'expose à un dégré de feu un peu plus grand que celui qui est nécessaire pour faire bouillir l'eau, il devient entiérement volatil.

Jamais personne n'a vu ce sel acide, à moins qu'il n'ait été rendu
tel par ce que l'animal a fait entrer
en son corps.

Aucune expérience n'a jamais fait
voir non plus que ce fût un sel alcali dans les animaux qui se portent
bien, ni même dans ceux qui sont

malades ; je ne l'ai pas trouvé tel dans de l'urine qui avoit été retenue pendant cinq jours dans le corps par une violente ischurie, & que j'ai examinée avec soin.

Cependant la putréfaction, ou un feu ardent, rendent tout ce sel alcali. Mais dans son état naturel, lorsque pour le réduire en petites masses solides, on n'a fait que de le poser dans un lieu tranquille, & de le laisser épaissir, il est différent de toute autre espéce de sel connue jusqu'à présent : sa nature approche pourtant assez de celle du sel ammoniac, quoiqu'il en différe à l'égard de plusieurs de ses propriétés. Car le sel ammoniac exposé à un feu violent se sublime tout-à-fait, & cela sans changement ; au lieu que celui qu'on tire, par le moyen du feu, de l'urine, qui est une véritable lessive des sels animaux, devient dès la premiere fois entierement alcali.

En un mot, après plusieurs expériences pour déterminer la véritable nature du sel des animaux, tel qu'il existe dans un corps sain, & tel qu'il est quand il y agit par la vertu qui

lui eſt propre, on a découvert que
c'étoit un ſel doux, qu'une huile qui
lui eſt jointe rend un peu ſavoneux,
qui tient le milieu entre ce qu'on
appelle ſel volatil & ſel fixe, qui n'a
aucune marque d'alcali ou d'acide,
qui peut ſe réſoudre aiſément en une
huile puante & un ſel alcali volatil,
& qui par-là eſt fort diſpoſé à ſe
putréfier.

Et il ne faut pas s'en laiſſer impoſer par un ſel fixe qui ſe trouve dans
les cendres de l'urine brûlée au feu.
Ce n'eſt autre choſe que du ſel marin
que l'animal a pris avec ſes alimens,
& qui peut ſouffrir toutes les actions
du corps, & être digeré pluſieurs
fois, ſans que ſa nature en ſoit au-
cunement alterée.

Ceſt auſſi là l'origine de ce peu
d'acide qu'on tire du ſang humain,
avec beaucoup de peine, & par un
ttès-grand dégré de feu ; car il paroît que ce n'eſt qu'un eſprit acide
de ſel marin mêlé de terre, & qui a
été expoſé à l'action d'un feu très-
violent.

De-là vient que les animaux, qui
n'uſent d'aucun aliment où il entre

du sel marin, n'ont point de sel fixe dans leur urine, ni rien d'acide dans leur sang.

Les Chymistes examinant les hui-*Huiles des* les des animaux, trouvent qu'il y en *animaux.* a de différentes espéces. Ils en font voir quelques-unes qui sont si subtiles, qu'elles peuvent se mêler avec l'eau, & sont volatiles à un petit dégré de feu : à cet égard elles approchent des esprits des végétaux ; mais elles diffèrent beaucoup de ceux qu'on en tire par le moyen de la fermentation.

Ils découvrent encore ici une autre espéce d'huile qui est extrémement douce & qui contient très-peu de sel ; elle sert à rendre glissantes les parties solides du corps. Dans la cavité des os cette huile s'appelle Moëlle, dans la membrane adipeuse on lui donne le nom de graisse, car c'est dans ces deux endroits qu'elle est reservée pour les usages qui lui sont propres : elle radoucit les humeurs âcres du corps ; & c'est cette même huile qu'on voit quelquefois nager sur la superficie du sang.

On a de plus découvert ici une

huile différente des précédentes, qui
eſt intimément jointe avec les ſels
des animaux, & par-là les rend ſavoneux & propres au corps dans leſquels ils ſont. Si vous l'en ſéparez,
vous trouvez que ſa nature différe
toujours de celle des autres huiles
dont je viens de parler : elle eſt plus
âcre, plus puante & volatile.

Il y a auſſi une huile qui ſert à unir
étroitement entr'eux les élemens des
parties ſolides, ſans cependant leur
faire perdre le dégré de flexibilité
néceſſaire. Cette huile eſt jointe étroitement avec les élemens terreſtres,
& elle ne peut pas être ſéparée aiſément ; il faut pour cela un feu très-
violent, ou une putré action produite
par une action, long - tems continuée, de l'air, de l'eau & de la
chaleur ; alors elle perd ſa partie huileuſe volatile, & il n'en reſte que des
cendres, qui ont très-peu de conſiſtence. Toutes les fois que cette huile eſt ſeule, elle ſe manifeſte auſſi tôt
par ſa puanteur inſupportable.

Enfin l'huile la plus ſinguliere
qu'on ait découvert dans les corps
des animaux, eſt celle qu'on tire de

leurs humeurs épaiſſies, & expoſées à un feu pouſſé au plus haut dégré poſſible, & continué long-tems. On donne à cette huile le nom de Phoſ-phore, elle eſt compoſée d'une ma-tiere inflammable qui prend feu dans l'air, qui ſe conſume, & ne laiſſe qu'une liqueur acide & fixe.

La derniere choſe qu'on trouve dans les animaux, c'eſt de la terre, *La terre dans les animaux* qui ſert comme de baſe à tout le corps, qui lie en toutes les parties, & donne aux humeurs le dégré de fixité néceſſaire.

Si cette terre différe de la terre pure des végétaux, cette différence eſt ſi petite qu'elle n'eſt preſque pas ſenſible : car toutes les fois qu'on les examine l'une & l'autre lorſqu'elles ſont exactement ſéparées de tout autres corps, on les trouve parfaite-ment ſemblables. On en a une preu-ve dans les coupelles, & dans ces petits fourneaux dont les Eſſayeurs ſe ſervent pour éprouver les métaux : on ne peut le faire qu'avec une ma-tiere terreſtre tout-à-fait ſimple, qui expoſée au feu ne ſe fonde ni ne ſe change point en verre. Or l'effet

est le même, soit qu’on prenne pour
cela de la terre pure, extraite des
cendres de végétaux brûlés, ou d’a-
nimaux, & séparée exactement de
tout autre corps étranger. Les parties terrestres qu’on tire de - là ne
différent dans aucune de leurs propriétés.

Voilà quels sont les élémens qui entrent dans la composition du corps
animal ; l’art les découvre & les fait
voir tels que nous venons de les décrire ; & jusques ici on n’y a pas remarqué une plus grande variété.

Leurs élé-
mens Chymi-
ques.

Il ne faut cependant pas s’imaginer que si l’on mêle avec soin ces
élémens entr’eux, après qu’on les aura
tous séparés exactement, ils repro-
duiront ces mêmes humeurs naturelles, dont on les a extrait. Au con-
rraire, le composé qui résultera de-
là sera quelque chose de tout-à-fait
différent. Car dans chaque partie du
corps animal nous trouvons des humeurs d’une nature si singuliere,
qu’elles paroissent très - distinctes de
toutes les autres. La bile amere, par
exemple, a une seule place qui lui
est affectée ; celle du foye en a une
autre ;

autre ; la femence eft travaillée &
perfectionnée dans les organes qui lui
font propres ; les efprits animaux
naiffent dans un autre endroit. Le
chyle eft différent dans l'eftomac, dans
les inteftins, dans le méfentere, dans
le canal thoracique, dans la veine
cave, dans le cœur, dans les poumons & dans les arteres : cela étant,
que faut-il penfer du lait, de la
graiffe, de la lymphe, du ferum du
fang, de la falive, du fang, de l'u-
rine & des autres chofes qui font
produites par le chyle ?

Ce qui vient d'être dit, fait voir
clairement qu'il y a une très grande
conformité entre les élémens des
animaux & des plantes ; il femble
même que les premiers font faits de
la matiere des derniers ; & que la
principale différence qui eft entr'eux
confifte dans la variété de leur ftructure, & dans la circulation des alimens, qui eft plus rapide dans les
corps des animaux.

En voilà affez pour nous faire
connoître l'objet de la Chymie. Paffons à autre chofe.

La Chymie confifte donc dans

Tome I. G

Les actions de la Chymie.

l'examen des corps, qui font com-
pris dans ces trois claffes dont nous
avons parlé jufqu'à préfent. Le changement qu'elle produit en eux s'opere par le feul mouvement, mais avec
quelque différence ; car ou il faut en
exciter un nouveau, ou fupprimer celui qui exiftoit déja, ou l'augmenter,
ou le diminuer, ou changer fa di-
rection ; & ces variations s'exécu-
tent quelquefois dans toute la maffe
qui conferve encore fa forme, & fouvent auffi dans chacune des particules qui la compofent. C'eft donc de
ces actions, qui font très-fimples,
que dépendent tous les effets que la
Chymie eft capable de produire ; &
cependant, à caufe de la diverfité &
de la prodigieufe multitude des particules qui compofent les corps, ces
effets font des plus furprenans, & nous
offrent une infinité de fpectacles nouveaux. Si l'on y veut penfer murement,
on trouvera qu'ils ne fauroient avoir
d'autres caufes que celles que je viens
d'indiquer, & qui font les feules que
la Chymie puiffe employer. Confi-
derons, par exemple, un feul corps ;
fuppofons que toute fa maffe eft en

repos, & que toutes les parties qui la composent y sont aussi les unes à l'égard des autres, comme elles y étoient dès le premier moment de sa création ; est-ce que ce corps ne continuera pas à être toujours le même, & à l'abri de tout changement ? qu'on exerce sur lui tout le pouvoir de la Chymie, si par-là on ne produit aucun mouvement, soit dans la totalité de sa masse, soit dans quelqu'une de ses parties, il restera tel qu'il étoit auparavant. Concevons de plus qu'on imprime à ce corps un mouvement qui meut toute sa masse, mais de façon que les parties qui la composent n'en reçoivent aucune altération ; nous ne laisserons pas que d'avoir toujours la même idée de ce corps, à l'exception que nous nous le représenterons changeant de situation à chaque moment. Mais si les particules de ce corps sont mises en mouvement, alors on conçoit aisément qu'il peut résulter de-là un très-grand nombre d'effets différens les uns des autres, & qu'il est impossible de déterminer. Toute la Chymie se réduit donc à joindre ou à séparer ;

G ij

il n'y a pas une troisiéme chose qu'elle puisse faire ; ainsi toutes ses opérations peuvent se rapporter à ces deux chefs, sans en excepter aucune. Et cette grande simplicité ne doit choquer personne, comme s'il étoit impossible qu'elle fût la source de tant de productions, si fort diversifiées, & dont les effets sont si surprenans & si nouveaux ; car il y a long-tems qu'on sait que la seule application mécanique de divers corps suffit pour produire des variétés étonnantes dans les corps composés. Et n'a-t'on pas encore dans les combinaisons arithmétiques une preuve évidente, que d'un petit nombre d'élémens, disposés & arrangés différemment entr'eux, on peut former une suite innombrable de nouveaux corps ? Enfin l'application d'un corps à un autre, découvre souvent des propriétés cachées jusques alors. Si jamais un Aiman n'avoit été assez voisin d'un autre Aiman, pour se trouver dans la sphère de son activité, la vertu magnétique seroit encore à présent quelque chose d'inconnu dans la nature ; & si l'on n'avoit jamais vu un morceau de fer joint à cette même pierre, on ignoreroit encore cette furprenante attraction qui régne entre ces deux corps; ou fi enfin on n'avoit jamais approché un morceau de fer aimanté d'un autre aimanté, ou non, n'importe, quel eft l'homme qui auroit connu cette vertu cachée qui dans ce cas produit des mouvemens fi finguliers? On voit auffi dans l'hiftoire des menftrues ou diffolvans, qu'il y a plufieurs autres corps qui en ont la faculté qui ne paroît point, fi l'on ne joint pas ces corps enfemble, mais qui fe manifefte dès qu'on les approche l'un de l'autre. Cela prouve donc clairement que la réfolution des corps compofés en parties fimples, & que le mêlange de diverfes parties fimples, peut produire une infinité de chofes inconnues auparavant.

Si un corps fubit quelque changement, fans rien perdre de la quantité de fa matiere, il n'y a que fa figure qui foit changée, ou fa fuperficie qui foit variée; & cependant ce fimple changement ne laiffe pas que de produire dans ce corps des proprié-

Propriétés qu'acquerent les corps par le feul changement de leur figure.

tés nouvelles. La Mécanique nous en fournit plusieurs exemples : Avec un même morceau d'acier, dont on ne fait que changer la figure, on forme des instrumens qui servent à des usages bien différens. Qu'on fasse avec une once d'acier un coin, un couteau, un poignard, une lancette, une sphère, un cube, un cylindre, un prisme, une pyramide, ou un cone, chacun de ces instrumens n'aura-t-il pas une efficace qui lui sera propre & nouvelle?

Tout cela prouve que la simplicité des actions Chymiques n'empêche point qu'elles ne puissent produire une infinité d'effets, & même très-variés.

Il est nécessaire de se former là-dessus de justes idées, parce que les Chymistes sont toujours dans le préjugé, que leur art renferme réellement quelque chose de plus mystérieux. Mais si vous examinez ce qu'ils font de plus considerable, vous sentirez d'abord la vérité de ce que j'ai dit. Car on peut rapporter ici la calcination, la fixation, la vitrification, la sublimation, la fer-

mentation, la putrefaction, la digestion , la dépuration & l'adunation,
avec toutes les autres opérations
qu'ils prétendent leur être particuliéres.

Il ne faut cependant pas croire
que les parties d'un corps ainsi sé-
parées , soient telles qu'elles étoient
dans les corps, avant leur séparation.
Car comme les mêmes actions qui
désunissent ces petites parties , peuvent aussi les changer considerable-
ment , on tombe souvent dans l'erreur , si l'on conclud que les corps,
lorsqu'ils étoient encore composés ,
contenoient réellement ces mêmes
élémens.

L'analyse Chymique ne nous présente pas les parties des corps tel. les qu'elles existoient auparavant dans les corps mêmes.

Par la résolution des corps , il se
produit aussi souvent dans leurs parties certaines propriétés nouvelles ,
qui ne se seroient jamais manifestées
par aucun effet dans les corps d'où
ces parties ont été tirées : on en pourroit donner une infinité d'exemples.

De ces deux remarques il suit,
que les Chymistes ne raisonnent pas
fort juste , quand ils prétendent rendre sensibles par le moyen de leur
Art les premiers élémens des corps,

& pouvoir déterminer la nature des composés par la connoiſſance qu'ils ont des élémens que les opérations Chymiques en ſéparent.

Il eſt vrai qu'un examen attentif des corps nous apprend qu'il y a dans la nature des corpuſcules, qui étant ſéparées de tout autre, ne peuvent être changés par aucune cauſe connue, juſqu'à préſent; ſoit que le Créateur leur ait donné une dureté exceſſive, plus grande même que celle du diamant, & qui empêche toute diviſion ultérieure & tout changement; ſoit qu'il les ait fait ſi ſubtils qu'ils échappent toujours à l'action de tout autre corps.

Toutes les fois donc que la réſolution des corps a été pouſſée au point de les réduire en de tels corpuſcules, il ne faut plus penſer à une diviſion ultérieure, juſqu'à ce que ces mêmes corpuſcules viennent à s'unir à de nouveau avec d'autres corpuſcules, ou avec d'autres corps compoſés.

C'eſt à ces principes des corps que les Philoſophes ont donné le nom d'élémens. Les Chymiſtes ont dit souvent qu'ils avoient réduit des corps composés en ces élémens; mais ils réfutent eux-mêmes ce qu'ils avancent là-dessus. Nous devons à la vérité leur accorder que les élémens du feu, de l'air, de l'eau, de la terre, de l'alcohol de vin, du mercure, & des esprits recteurs de chaque corps, lorsqu'on les a bien purs; que ces élémens, dis-je, paroissent très-subtils & très-durables: mais jusques ici, il n'a pas été démontré qu'on ait pû avoir sans mêlange, ou rendre sensibles par l'Art, quelques-uns de ces élémens; au contraire, il y a long-tems qu'on est convaincu que les opérations Chymistes ne produisent rien de si simple.

Le feu est peut-être le seul qui nous offre ses élémens dans leur état de pureté, lorsqu'il a passé au travers de l'or, ou de quelqu'autre corps semblable. *Ses productions sont rarement si simples.* Mais personne ne parviendra jamais à donner ceux d'une goutte d'eau pure, & moins encore ceux des autres substances. Il n'est pas nécessaire de parler ici de l'air, de la terre, & d'autres choses semblables.

Il y a plus: avec ces parties dans

G v

lefquelles les plus grands maîtres fe vantent d'avoir décompofé les corps, on en peut produire d'autres d'une nature différente & qui font même encore aifément fufceptibles d'un nouveau changement; l'eau, l'efprit, le fel, l'huile, la terre, qu'on a extrait des corps des animaux ou des végétaux, nous en fourniffent des preuves ; l'alcohol même quand il brûle, fe fépare en divers pricipes.

Enfin, en compofant & réuniffant de nouveau ces élémens chymiques, qu'on a tiré d'un corps, il en réfultera fort rarement un compofé tel que le premier. On en a une preuve dans l'analyfe du fang, du vin, & d'autres chofes femblables.

Il eft donc néceffaire de prefcrire à notre art certaines bornes fixes, que nous ne devons point paffer, fi nous voulons éviter l'erreur, & découvrir la vérité. Une opération chymique déterminée, tire toujours il eft vrai, des animaux, des végétaux, & des foffiles, certaines chofes déterminées, & qui fe diftinguent aifément par des marques caractériftiques. Mais ces chofes que l'analyfe

nous met sous les yeux, existoient-
elles de la même maniere dans le
corps avant l'opération? c'est ce
qu'on ne peut pas toujours bien déci-
der, sans avoir des raisons tirées
d'ailleurs. On est toujours assuré de
produire de la même manière, avec
certains végétaux, & par le moyen
d'une fermentation convenable &
d'une exacte distillation, un alcohol
de vin qui sera toujours de la même
nature ; jusques ici il n'a pas été possible d'en produire avec aucune autre
matiere,&même encore ne le tire-t'on
de celle qui le fournit qu'après une
double opération. Or cette liqueur,
dont nous sommes redevables aux
Chymistes,ne s'est trouvée nulle part
avant qu'on eût employé la fermentation & la distillation requise. Ainsi
il n'y a personne qu'un Chymiste qui
puisse parler juste sur sa matiere, sa
cause, sa nature & ses propriétés. Il
en est de même de plusieurs autres
corps. Voilà pourquoi nous renfer-
mons notreArt dans des bornes étroites, mais sans lui rien faire perdre de
son prix,de son excellence,de son utilité, & de sa nécessité : au contraire,

G vj

nous pouvons affurer qu'il gagne à tous ces égards ; auffi tâchons-nous de le profeffer en le renfermant toujours dans fes limites.

Enfin la Chymie eft la feule qui nous apprenne qu'il y a dans chaque animal, ou dans chaque plante, une efpèce de vapeur, propre uniquement à ce corps, & qui eft fi fubtile qu'elle ne fe manifefte que par fon odeur ou par fa faveur, ou par quelques effets qui lui font particuliers. Cette vapeur eft imprégnée de ce qui conftitue la nature propre du corps où elle réfide, & de ce qui le diftingue exactement de tout autre. Sa prodigieufe fubtilité fait qu'elle échappe à la vûe, aidée même des meilleurs microfcopes, & fa grande volatilité empêche qu'elle ne foit fenfible à l'attouchement dès qu'elle eft pure & dégagée de toute autre chofe, elle eft trop mobile pour refter tranquille, elle s'envole, fe mêle avec l'air, & rentre dans le chaos commun de tous les corps volatils. Cependant elle y conferve fa propre nature, & elle y voltige jufqu'à ce qu'elle retombe avec la nége, la grêle, la pluie ou

Ce que les Alchymiftes entendent par efprit Recteur dans les corps compofés.

la rofée ; alors elle retourne dans le
fein de la terre, elle la féconde par fa
femence prolifique, elle fe mêle avec
fes fluides, pour redevenir fuc de
quelqu'animal ou de quelque plante,
& par cette circulation elle rentre
dans de nouveaux corps, dont elle
agite & dirige la maffe. Les Anciens
Alchymiftes, qui étoient certaine-
nement de grands Maître de l'Art &
de bons Obfervateurs des corps naturels, ont donné le nom d'efprit recteur à cette vapeur, & cela à caufe
de fa grande pénétrabilité, de fa prodigieufe fubtilité, & de fa volatilité
fi efficace.

Pour que cet efprit reftat dans le *Il réfide dans*
corps qui lui eft affecté, Dieu l'a joint *une huile.*
à une huile ténace & durable, que ni
l'air, ni l'eau, ni une chaleur naturelle ne peuvent pas diffiper aifément: engagé dant fa vifcofité il lui
eft difficile de s'échapper, & d'a-
bandonner d'abord le corps qu'il
doit diriger. C'eft pour cela que
tous les Alchymiftes s'accordent à
dire, que cet efprit habite dans le
fouffre.

L'huile, qui retient cet efprit, eft *qu'il rend plus*
volatile,

cependant beaucoup plus volatile que toutes les autres substances huileuses qui se trouvent dans le même corps: de sorte que quand ce corps est proche de sa fin; elle s'en exhale presque de soi-même avec son esprit, pour que ce dernier, qui est propre à des usages si excellens, ne reste pas inutile & sans activité dans un cadavre.

quoiqu'il y soit en très-petite quantité.

Remarquons enfin que la Nature est si économe dans la distribution de cet esprit, qu'elle n'en a accordé à chaque corps qu'une très-petite particule, mais précieuse & en même tems très-suffisante. Les Anciens Adeptes ont osé mesurer cette particule; ils nous disent que c'est $\frac{1}{8200}$ de son corps séminal, & qu'on l'a toujours trouvée en cette proportion dans chaque semence où elle réside.

Cependant il ne laisse pas que d'être actif.

Ils prétendent aussi avoir remarqué que cet esprit est si actif, qu'après bien des observations réitérées, ils se font convaincu, qu'échauffé, par une chaleur féconde, & sustenté par des alimens convenables, son activité s'augmente tous les jours, & qu'il acquiert continuellement de nouvelles forces pour produire son semblable. C'est pourquoi ils l'ont appellé étincelle de vie, fils du soleil, esprit qui nourrit intérieurement, & lui ont donné plusieurs autres noms semblables.

Avant que d'aller plus loin, il est à propos d'éclaircir tout ceci par un exemple ; pour cela choisissons un corps végétable, qui se distingue très-évidemment de tout autre corps connu jusqu'à présent ; la canelle, par exemple, ce précieux aromate, préférable presque à tous les autres, d'une odeur & d'un goût si agréable. Prenez en une livre de la meilleure, faites-là distiller avec de l'eau bouillante, en suivant scrupuleusement les regles de l'art, & ayez soin qu'il ne s'en perde rien, vous en tirerez une liqueur de couleur de lait, qui a l'odeur & le goût de la canelle, & vous trouverez en même tems au fond du vase un peu d'huile rouge très-odoriférante, & fort imprégnée aussi des vertus de la canelle. Séparez ces deux liqueurs, & faites encore bouillir ce qui reste de canelle avec de la nouvelle eau ; il en sortira une liqueur limpide, aqueuse, d'un goût

acide, d'une odeur très-foible, &
qui non feulement n'aura aucune marque de canelle, mais qui reffemblera
même fi fort à tant d'autres liqueurs,
que vous ne pourriez pas l'en diftinguer. Examinez enfuite le refte de votre décoction, vous le trouverez d'un
rouge tirant fur le brun, d'un goût acide & âpre, fans odeur, & n'ayant rien
qui fente la canelle : quant au corps
même de l'aromate qui eft dans la décoction, vous jureriez que c'eft de la
véritable canelle, tant il en a confervé
la figure & l'apparence extérieure ;
mais c'eft auffi là tout ce qu'il en a re-
tenu, car il ne lui refte plus rien de la
premiere excellence de cette précieufe écorce ; auffi ne differe t'il point
de toute autre écorce, ou bois, qu'on
aura diftillé de la même maniere.

Toute la vertu de la canelle réfide
donc dans fon eau diftillé & dans
l'huile qui tombe au fond. Si cette
eau refte longtems tranquille dans
un vafe fermé, elle dépofera fon
huile, elle deviendra plus claire,
& perdra de fes forces aromatiques.
Ainfi c'eft dans l'huile principalement que cette précieufe vertu eft

renfermée. Si vous ôtez toute cette eau, encore imprégnée de fon aromate, de deffus fon huile, & fi vous la mettez dans un verre, dont l'ouverture foit un peu étroite, & fans être bouchée, toute la chambre fera parfumée d'une odeur de canelle, & dans peu de tems vous n'aurez qu'une eau fans force, & q i fera privée de toutes les propriétés aromatiques : cependant vous ne pourrez pas remarquer qu'elle ait plus perdu de fon po ds, que n'en auroit perdu de l'eau commune par la fimple exhalaifon, dans le même vafe, dans le même lieu & dans le même tems. Ainfi toute la vertu de cette eau de canelle, étoit attachée à une très - petite particule de cette même eau ; particule qui devoit être par conféquent d'une très-grande éfficace. Enfin expofez à l'air de l'huile de canelle, dans un vafe dé verre, qui ne foit point bouché & dont l'ouverture foit large, il fe répand dans la chambre une agréable odeur, qu'on reconnoît d'abord pour être celle de la canelle. Cependant cette huile ainfi expofée perd bien-tôt toute sa force , sans que son poids diminue sensible-ment.

Il est donc clair que la vertu pro-pre à cet aromate est jointe à ce peu d'huile, & que même elle n'en fait qu'une très-petite partie. On pourra appliquer à toute autre chose cette démonstration particuliere.

Esprit rec-teur dans les métaux & dans d'autres corps.

Les Maîtres de l'Art qui ont été les plus heureux dans leurs découvertes, nous disent qu'ils ont vu ces esprits dans les métaux, & dans toute autre espéce de fossiles; qu'ils y sont ren-fermés dans une substance qui leur est propre, & arrêtés dans un souf-fre fixe ; que quand ils sont déga-gés de leurs liens, & qu'ils ont une fois recouvré leur liberté, ils de-viennent extraordinairement actifs, & que s'insinuant dans d'autres es-péces de corps, ils acquierent une grande efficace, surtout pour la gué-rison des maladies. Mais en voilà assez ; ceux qui voudront quelque chose de plus étendu sur cet arti-cle, pourront consulter ce qu'en ont dit les Adeptes : je ne dois pas m'y arrêter plus longtems, de peur qu'on

ne me foupçonne de recommander
aux autres des chofes que je ne fuis
pas capable de leur procurer.

Les Chymiftes ont rapporté à
quatre claffes principales les effets
qu'ils produifent en uniffant ou en
féparant. Toutes les fois qu'ils ré-
folvent un corps en parties diftinc-
tes, qu'ils raffemblent & font voir
féparément, ils appellent cette opération une extraction, & ils donnent le nom d'extrait aux plus con-
fidérables de ces parties. Si par exemple ils tirent de l'abfinthe feulement
ce qu'elle a d'amer & de pénétrant,
ils appellent cela un extrait d'abfinthe. S'ils féparent, fuivant les régles de l'art, la partie du fer qui
eft la plus fubtile & la plus active
d'avec le refte, ils lui donnent le
nom d'extrait de Mars. Ainfi on
doit rapporter à cette claffe plufieurs
opérations, qu'on peut faire fur le
même corps; telles font la diftillation avec de l'eau ou fans eau, la
décoction, les divers dégrés de l'infpiffation d'une décoction, les teintures, quelque foit le menftrue dont
on s'eft fervi pour les produire, &c.

Mais quand de divers corps confondus ensemble, on en tire un extrait, de la même maniere qu'on a produit le précédent d'un seul corps, alors on change son nom, & on l'appelle Clyssus. On peut aussi employer ce mot pour désigner divers extraits tirés d'une même chose, & qu'ensuite on a mêlés ensemble; comme quand on joint suivant les régles de l'art, l'eau, l'esprit, l'huile, le sel & la teinture, qu'on a tiré de l'absinthe, pour n'en former qu'une seule masse composée, qui renferme toutes les propriétés de ces différentes parties. On peut donc rapporter à cette classe plusieurs productions de l'art, & même des plus belles; comme les savons artificiels & tant d'autres.

Il semble que des grands Chymistes ont premierement employé le mot de magistere, pour signifier la plus belle production de leur art. Car ils nous disent qu'ils peuvent changer tout corps simple, en lui conservant son propre poids, & sans en séparer aucune partie, en une masse tout-à-fait différente de la premiere,

& qui pour l'ordinaire eſt liquide.
Ainſi ils prétendent qu'ils peuvent
réduire une once d'or en une liqueur de même poids, & cela ſans
mélange d'aucun corps étranger, de
la même maniere que le feu la rend
fluide ; & c'eſt-là ce qu'ils appellent magiſtere. S'ils ont ce ſecret,
il faut avouer qu'il eſt le plus beau
qui ſoit en Chymie ; mais juſques
ici il a été fort caché, à moins qu'on
ne veuille dire que la force du feu
produit quelque choſe de ſemblable :
car il eſt vrai que la cire pouſſée
hors de la cornue par le feu, eſt
changée d'une façon ſurprenante,
& cela ſans aucune ſéparation de ſes
parties.

Enfin ils ont donné le nom d'élixir à la quatriéme de leurs productions, & par ce mot il ſemble qu'ils
ont ſurtout entendu le mélange de
divers corps, dont ils ont totalement
changé la forme en leur conſervant
leur poids ; ainſi c'eſt proprement là
un magiſtere compoſé de pluſieurs
autres. Paracelſe aſſure qu'il a fait
un tel élixir avec de l'aloës, du ſaffran & de la myrrhe ; mais il a gar-

dé le silence ſur le diſſolvant capable
de produire un tel miracle : Van-
Helmont l'en blâme ſans nous dire
pourtant riende meilleur à cet égard.
Qu'eſt - ce qui empêche cependant
qu'on ne puiſſe attendre une telle
production de la Chymie? Ileſt certain
qu'une préparation faite avec du tartre tartariſé a opéré une ſolution à peu
près ſemblable , excepté ſur les parties ſolides du ſaffran : & je ne doute pas que divers Chymiſtes n'ayent
connu de meilleurs diſſolvants ; il
y auroit du ridicule à vouloir me-
ſurer & limiter l'habileté des autres
par notre incapacité : quoiqu'il arrive ſouvent que les Artiſtes en ſe
vantant trop nous obligent à rabat-
tre de la bonne opinion que nous aurions d'eux ſans cela.

Je ſçai bien que de bons Auteurs
donnent aux mots que je viens d'expliquer une ſignification différente :
mais j'ai auſſi en ma faveur l'autorité de pluſieurs habiles gens qui leur
attachent le même ſens que je leur
ai donné. Chacun peut les employer
dans le ſens qu'il trouvera à propos.

Usage qu'on tire de la Chymie dans la Physique.

La Chymie consistant dans l'examen de tous les corps qui tombent sous les sens, il est évident qu'elle est fort nécessaire dans la Physique & très-utile dans chacune de ses parties. Et comme c'est à l'aide du feu qu'elle opere les principaux changemens qu'elle produit, c'est par-là aussi qu'elle est d'un grand usage à la Physique, parce que le feu est l'instrument le plus général que la nature employe dans toutes ses opérations sur les corps. Puis donc que la Physique n'est autre chose que la connoissance de tous les corps & de leurs différentes manieres d'exister, il est clair que la Chymie doit beaucoup contribuer à l'avancer. Je vais le prouver en entrant dans quelque détail. C'est le propre d'un Physicien de faire bien connoître les corps naturels & leurs différentes propriétés : & nous ne pouvons acquérir cette connoissance qu'en observant avec le secours de nos

fens tous les objets que le CRE'A-
TEUR a mis à notre portée. La premiere & la principale partie de
cette fcience confifte à raffembler
tous les phénomènes des corps que
nos fens peuvent découvrir, & à
leur affigner leur véritable place
dans l'Hiftoire naturelle. Or il y a
deux moyens de faire ces obferva-

& cela non feulement en obfervant les Phénomènes ordinaires ;

tions. Le premier, en remarquant
les chofes telles qu'elles arrivent
fuivant le cours ordinaire de la nature, fans qu'il y ait aucun deffein
de la part des hommes dans leur
production: mais on ne tire pas de
là de grands avantages, parce que
le hafard qui règne dans ces événemens ne découvre que de certaines propriétés, qui naiffent ou
qui fe manifeftent dans ce même

mais encore en faifant des expériences qui conduifent à de nouvelles découvertes.

tems. L'autre moyen a lieu, quand
nous appliquons des chofes qui nous
font bien connues, à d'autres qui
nous le font auffi, dans la vue
d'examiner attentivement ce qui en
réfultera de nouveau. Cette maniere
d'obferver eft beaucoup plus utile
aux Phyficiens que la précédente;
car fans parler de plufieurs autres
raifons

raiſons, les corps ont un très grand nombre de propriétés, même très-efficaces, qui ne ſe découvriroient jamais dans le cours ordinaire de la nature, mais qui ſe manifeſtent uniquement quand un Artiſte, surtout en ſe ſervant du feu, vient à examiner chimiquement ces corps, ſoit conjointement, ſoit ſéparément, & cela dans la vue de connoître ce qu'ils ſont capables de produire. Et il faut avouer que la Chymie eſt preſque la ſeule Science, dans laquelle on ſuive comme il faut cette méthode d'obſerver. Un Chymiſte réſoud un corps en ſes parties; après avoir examiné celles-ci ſéparément, il les rejoint enſuite, en ſuivant une méthode déterminée, & cela dans l'eſpérance de découvrir les nouveaux phénomènes & les nouvelles propriétés qui en réſulteront. En ſéparant ou en joignant ainſi différens corps, & en les expoſant enſuite à un dégré déterminé de feu & qu'il a bien ſoin de remarquer, il eſt attentif à découvrir, s'il eſt poſſible, ce que la nature produit en eux. Par-là il ap-

Tome I.   H

prend comment il peut parvenir à imiter parfaitement ces phénomènes naturels dont nous avons parlé ; il peut expliquer & rendre fenfibles les inftrumens que la nature employe pour cela, il pénétre dans fes voyes les plus fécrettes, & fouvent même il les fait fervir prudement à fon ufage.

On le prouve par des exemples.

Nous en avons des preuves dans la poudre à canon, le phofphore, les violentes ébullitions qui naiffent par le mêlange de certaines liqueurs, & qui quelquefois vont jufqu'à produire de la flamme & dans bien d'autres chofes. Nous avouons que dans la Mécanique, dans l'Hydroftatique & l'Hydraulique, on a expliqué fûrement plufieurs actions phyfiques, par le moyen de certaines propriétés générales & communes à tous les corps. Mais ceux qui font les plus verfés dans les Sciences, n'ont jamais pu, à l'aide de ces principes, expliquer ces effets qui dépendent de la nature particuliere & propre à certains corps, aufquels le CRE'ATEUR a accordé des propriétes qui ne fe

rencontrent pas dans d'autres, &
fans lefquelles les effets, dont il
s'agit, n'auroient jamais eu de lieu.
Toutes les fois, par exemple, qu'on
approche d'un aiman foit un autre
aiman, foit un morceau de fer fimple, ou imprégné de la vertu magnétique, il en réfulte des effets
très-prompts, très-furprenants, &
qu'on ne voit nulle part ailleurs.
Or il eft inconteftable que la Chymie découvre beaucoup mieux que
toute autre Science ces propriétés
particulieres des corps ; car elle fçait
les difpofer comme ils doivent être
pour ces fortes de découvertes.
Nous pouvons donc conclure avec
raifon que notre Art eft celui qui
eft le plus propre & le plus efficace pour nous faire faire des progrès dans la Phyfique. Un homme
qui l'entendra bien, fera ufage de
cette connoiffance, en imitant la
nature dans fes productions, & il
ne s'arrêtera pas à de vains mots
& à d'inutiles fpéculations ; de la
Théorie il paffera à la pratique, il
opérera lui - même. S'il explique
la nature du verre, il enfeignera

H ij

en même-tcms la méthode la plus
sûre de le faire. Pour donner de
justes idées de la fermentation, il
en produira une. Il exécutera auffi-
tôt tout ce qu'il dira. Sans s'embar-
raffer dans la recherche des caufes
finales & éloignées, il s'appliquera
à rendre fenfibles les caufes préfentes & qui agiffent actuellement. Il
n'invoquera ni les démons, ni les
lutins, ni les efprits, pour venir à
leur fecours; mais il exécutera toutes fes opérations en appliquant différens corps les uns aux autres. Il
n'aura pas recours aux formes fub-
ftantielles, mais il s'attachera plutôt à nous faire connoître par des
effets les propriétés fenfibles & tout-
à-fait fingulieres que la nature a
mifes dans chaque corps, & il nous
enfeignera à nous en fervir pour
opérer des chofes furprenantes. Peu
content de tout ce qu'on dit fur
les qualités occultes, il s'appliquera
à découvrir par le moyen de fon
Art les effets qu'on leur a attribué
mal à propos; & dès qu'une fois il
les aura découvert, il nous indiquera
comment nous devons en faire ufa-

ge dans la pratique. Il avouera ingénument que la création des semen-
ces, & la construction particuliere
de chaque corps au commencement
de sa formation, sont des choses
hors de sa portée ; mais il observera
soigneusement les phénoménes qui
en sont des suites, il en tiendra
un catalogue exact, & il s'en servira prudemment dans ses opera-
tions sur les corps naturels. Voilà
quels sont les avantages que les
Philosophes peuvent retirer de la
Chymie ; cultivée comme il faut,
elle mettra la Phisique dans l'état où
le fameux Chancelier Bacon la sou-
haitoit, & où il avoit commencé à
la mettre ; en quoi il a été suivi par
l'illustre Robert Boyle, qui mar-
chant sur les traces d'un si grand
Maître a beaucoup perfectionné cette
Science.

Usage de la Chymie dans la Médecine.

Tout ce qui vient d'être dit sur
l'utilité de la Chymie dans la Physique, est également vrai appliqué

La Chymie

est d'un grand usage dans la Médecine.

à la Médecine. Cette derniere Science traite du corps humain, & des effets que les autres corps produisent sur lui: or l'on ne peut bien connoître ni l'une ni l'autre de ces choses sans le secours de la Chymie. Mon dessein n'est pas d'entrer ici dans un détail exact sur ce sujet, je me contenterai de l'examiner assez superficiellement. Et d'abord je remarque que c'est la Chymie seule qui nous a appris que les élémens, dont les parties solides de notre corps sont composées, ne sont que de la terre pure, & qu'ils sont étroitement joints les uns aux autres par une matiere huileuse & glutineuse, qu'on ne peut en séparer que par le plus haut dégré de feu ouvert. Elle est encore la seule qui ait fait voir que l'eau s'insinuant parmi ces élémens, aide à les unir ensemble, & devient avec eux une masse solide, d'où elle ne peut être détachée qu'avec beaucoup de difficulté. La Chymie a fait plus; elle a démontré la première, que cette terre, cette huile, cette eau, de même que toutes les autres humeurs du corps ani-

Elle nous apprend quelle est la nature des parties solides du corps humain,

& de ses parties fluides.

mal, doivent leur origine aux alimens ; ce qu'on ne sçavoit pas d'ailleurs, & dont on peut se convain-
cre en examinant ces mêmes alimens
selon les régles de l'Art. Remarquons encore à l'égard de ces humeurs, que sans une connoissance
approfondie de la Chymie personne
ne parviendra jamais à nous donner une juste idée de leurs parties,
de leurs diverses especes, de leurs
propriétés & de leurs changemens.
Enfin, la santé est toujours accompagnée dans chaque individu d'un
certain dégré de chaleur, que l'on
a même déterminé à présent par le
moyen du thermomètre ; & ce dégré
une fois bien connu est la véritable mesure des forces actives qui
sont en nous : or la Chymie excelle
par-dessus toutes les autres Sciences à expliquer les effets de ce
feu.

Comme la Mécanique, l'Hydro-
statique, l'Hydraulique & les autres *C'est elle qui*
parties de la Physique, nous dé- *fait à cet*
couvrent tous les jours plusieurs *égard les plus*
utiles décou-
choses qui arrivent dans notre corps, *vertes.*
pendant qu'il jouit de la santé, de

H iv

même la Chymie nous fait cohnoî-
tre à cet égard un très-grand nombre de chofes que nous n'aurions jamais pu apprendre d'ailleurs ; cela
paroît entr'autres par plufieurs découvertes très-importantes qu'elle a
faites dans cette branche de la Médecine qui roule fur la Phifiologie.
Mais ce qu'il y a de plus glorieux
pour cette Science, c'eft qu'il n'y
a qu'elle qui puiffe découvrir & ré-
futer les erreurs que d'ignorans
Chymiftes ont introduites dans la
Médecine ; c'eft ce que Boyle,
Bohn, Hofmann, Homberg & plufieurs autres ont prouvé clairement
par des exemples très-intéreffans.
Des prétendus Chymiftes fe vantent
fauffement en foutenant que leur
Art feul peut expliquer comme il
faut tout ce qui a rapport à la Phy-
fiologie ; mais ceux-là ne fe trompent pas moins qui prétendent pouvoir éclaircir toutes les parties de
cette Science fans le fecours de la
Chymie. Que l'Anatomie nous expofe fidélement les parties & la ftructure du Corps ; que la Mécanique
s'applique à l'examen des effets de

ſes parties ſolides ; que l'Hydroſtatique nous faſſe connoître les loix
communes aux fluides ; & que l'Hydraulique nous démontre quels ſont
leurs actions lorſqu'ils coulent dans
des canaux dont la capacité eſt connue : enfin que les Chymiſtes joignent à cela tout ce qu'ils ſont capables de découvrir en ſuivant prudemment les régles de leur Art ;
voilà , ſi je ne me trompe , le véritable moyen de perfectionner la
partie phyſiologique de la Médecine.

La Chymie, ce me ſemble, n'eſt
pas moins utile dans la Pathologie.
Voulez-vous expliquer les cauſes ,
la diverſité, les effets de la dépravation des humeurs dans le corps
animal ? Voulez-vous connoître les
défectuoſités qu'elles contractent
lorſqu'elles reſtent immobiles dans
les vaiſſeaux , lorſqu'elles y circulent trop lentement, ou lorſqu'elles
en ſortent & qu'elles croupiſſent
dans les cavités du corps ? Cher-
chez-vous à ſçavoir comment une
circulation trop rapide dans les artéres change la terre , les huiles ,

H v

les fels, les efprits qui font mêlés avec nos fluides? Vous devez confulter la Chymie; elle feule vous fournira des lumieres là-deffus. Elle vous inftruira fur la nature de l'âcreté qui eft répandue dans notre corps, fur fes diverfes efpéces, fur fes effets, fur fon origine; en vain chercheriez-vous à connoître tout cela par d'autres moyens. Elle vous apprendra encore comment les parties qui compofent le fang fe joignent entr'elles, & comment on peut les réfoudre & les féparer. Elle vous fera connoître la nature du pus, de la fanie, de la corruption des humeurs, de la gangréne, & d'un fphacele. Travaillez à découvrir d'ailleurs ce que vous devez penfer de tout cela, vous ne trouverez rien, j'en fuis fûr, de tant foit peu fatisfaifant. Vous n'entendrez même rien aux maladies des os, ni à leurs caufes, fi vous n'appellez à votre fecours les ingénieufes recherches des Chymiftes à cet égard.

Soit, me dira-t'on peut-être, la Chymie eft utile dans la Phyfiolo-

gie & dans la Pathologie; mais il
n'en eſt pas de même de cette partie de la Médecine qui traite des
ſignes de la ſanté, de la maladie &
de la vie. Cette partie a été cultivée avec tant de ſoin par les anciens Grecs, qu'il n'y a pas moyen
de faire ici aucun uſage de la Chymie. A cela je réponds qu'il eſt vrai
que les Anciens ont recueilli avec
une exactitude & des peines preſque incroyables les ſignes des maladies; cependant toutes leurs recherches ont abouti à leur faire bien
connoître les objets que la nature
faiſoit tomber d'elle-même ſous leurs
ſens; & leur application a eu un ſi
heureux ſuccès à cet égard, qu'ils
n'ont preſque rien laiſſé à faire à
ceux qui ſont venus après eux; un
Chymiſte doit même néceſſairement
ſe rendre leurs découvertes fami-
lieres, avant que de faire uſage de
ſon Art pour connoître les maladies, & il faut avouer qu'il eſt redevable à leur habileté de tout ce
qu'il ſçait là-deſſus. Mais ſi l'on veut
bien comprendre ce que ſignifie chaque ſigne, on n'en viendra pas ai-

H vj

fément à bout fans le fecours de notre Science, qui peut mettre cette chofe dans un très-grand jour. Si c'en étoit ici la place, je pourrois entrer dans un détail qui ne laifferoit aucun doute fur ce que j'avance; je me contenterai d'un petit nombre de réflexions. Les Anciens fçavoient que des battemens trop fréquens des artéres indiquoient une fiévre actuelle, & que leur nombre en marquoient le dégré; il fçavoient de plus que la chaleur naturelle venant à être augmentée par-là, l'humide radical fe confumoit, & que fuivant la diverfité de fes dégrés la vie étoit plus ou moins en danger; & même le fameux Harvey a pouffé fes découvertes jufqu'à nous apprendre que la fréquence du pouls devoit être attribuée à la fréquente dilatation & contraction du cœur, qui reçoit le fang vital qui lui eft apporté par les veines, & qui le repouffe enfuite dans les artéres. Voilà jufqu'où leurs obfervations ont été pouffées, on ne peut pas en tirer un plus grand parti. Mais un Chymifte va plus loin; en

comparant diverses expériences in-
contestables, il fait voir que par
cette augmentation de chaleur, que
cause le trop grand nombre de battemens des artéres, les parties les
plus fluides des humeurs sont né-
cessairement dissipées, que les autres
se condensent, que les huiles se
dissolvent & se mêlent avec le sang,
& que par l'attrition qu'elles souffrent dans le cours de leur circulation, elles deviennent âcres & volatiles, qu'elles se corrompent & se
pourrissent, & que dans cet état
étant pressées avec force contre les
petits vaisseaux du cerveau, elles y
causent un dérangement surprenant,
& qu'il est difficile ensuite de les séparer d'avec le sang; que les sels des
humeurs perdent la disposition naturelle qu'ils ont à un mouvement
assez lent, & deviennent volatils; de doux & bienfaisants qu'ils
étoient auparavant ils deviennent extrêmement âcres, leur nature savo-
neuse se change en quelque chose de
mordant & d'ignée, à quoi on a
donné le nom d'Alcali. Par ce moyen
donc, les Chymistes parviennent à

bien entendre ce figne, & en même tems à nous en expliquer le véritable ufage. Tous les Anciens examinoient ordinairement l'urine avec foin, pour y découvrir la difpofition intérieure du corps, & les fymptômes les plus cachés des Maladies; les Médecins font encore à préfent obligés de faire la même chofe, mais je vous prie avec quel fuccès? Il faut l'avouer, avec un fuccès fort douteux, ou de très-petite conféquence. Mais qu'un Médecin verfé dans la Chymie examine l'urine fuivant les régles de cet Art, combien & que d'utiles découvertes ne fait-il pas? La quantité, la couleur, la faveur de l'urine, les particules héterogènes qui y font contenues, celles qui y nagent, celles qui y defcendent, fon écume, tout cela nous fait connoître la véritable nature de l'eau, du fel, de l'huile & de la terre qui s'y trouvent, & qui fe trouvent par conféquent auffi dans le fang; tout cela nous manifefte les défauts cachés des humeurs & nous prognoftique les maux & les biens qui en doivent réfulter dans peu. Par-

là, & non par aucun autre moyen,
un Médecin apprend sûrement comment il doit se conduire à l'égard
des symptômes présens, & comment
il peut prévenir les événemens futurs, & pourvoir à ce qu'ils ne
mettent pas la vie en danger. Un
habile Chymiste est encore le seul
qui soit en état de bien connoître
par les signes de la nature de la falive, du pus, de la sanie, & des
excrémens: je ne veux cependant pas
dire qu'il puisse venir à bout de cela uniquement par le secours de son
Art, il faut qu'il y joigne une étude suffisante de la Médecine; alors à
l'aide de ces deux Sciences, & en se
servant prudemment de l'une & de
l'autre, il découvrira un très-grand
nombre de choses, qui autrement
auroient échappé à ses recherches.
Il seroit à souhaiter que ceux d'entre les Médecins qui ont de l'éloignement pour la Chymie voulussent
bien faire ces réflexions, ils ne con-
damneroient pas si légerement un
Art qui peut leur être d'un grand
secours sans leur nuire jamais. J'a-
voue que des Chymistes ont fait beau-

coup de mal en s'avisant de pratiquer la Médecine sans en avoir une connoissance suffisante; mais cela est arrivé par la faute des hommes, & non par celle de la Science.

Elle est aussi fort utile quand il s'agit d'indiquer des alimens convenables à les gens qui se portent bien

Il n'y a personne qui puisse prescrire, avec connoissance de cause, une nourriture convenable à des gens qui se portent bien, s'il ne sait quelle espéce de corruption les alimens contractent par le tempéramment particulier du corps qui doit les recevoir, ou par le dégré d'exercice auquel il est accoutumé. Dans le corps de coureurs, des laboureurs & de tous ceux qui se fatiguent par un travail dur & pénible, les poissons & les viandes fraîches, qui ne font pas assaisonnées de beaucoup de sel, se pourrissent aisément, à cause du trop grand frottement qu'elles éprouvent. Ainsi la nourriture qui convient le mieux à ces sortes de gens est du pain noir tirant un peu sur l'aigre, des apprêts faits de farine de bled, du lait, des poissons & des viandes séches à l'air ou à fumée, & bien assaisonnées de sel de vinaigre, comme l'eau

& la bierre légère tant soit peu aigre sont pour eux la meilleure boisson : par un mouvement excessif, la bile & toute la masse du sang tendent à se corrompre ; pour empêcher cela il faut user d'alimens qui pat leur aigreur, leur sel & leur dureté sont les moins disposés à cette espéce de putréfaction. Quant à ceux qui donnent tout leur tems à l'étude, qui pâlissent sur les livres, & qui par-là ne se donnent pas les mouvemens propres pour exercer & pour fortifier les corps, on leur prescrit avec succès, lorsqu'ils se portent bien, les alimens qui se digérent le plus facilement, & qui approchent le plus de la nature des humeurs animales ; tels sont, comme la Chymie nous l'apprend, la chair tendre, les poissons & les œufs frais, & peu salés. En un mot s'il y a une science qui fasse connoître comme il faut les qualités de l'air, de nos alimens & de nos boissons, leur matiere, la méthode de les assaisonner & de les préparer ; les effets du mouvement & du sommeil ; la nature des excrémens, & ces passions de l'ame, qui contribuent à la confervation de la fanté, c'eft fans contredit la Chymie.

S'il s'agit de guérir des malades, où prendra-t'on des alimens qui leur foient convenables ? Où trouvera-t'on des médecines propres à foutenir leur vie, ou à rétablir leur fanté ? Où cherchera-t'on des remèdes qui ayent la vertu de corriger, ou d'expulfer de leur corps, ce qui les incommode ? Il faut à tous ces égards confulter principalement la Chymie, qui feule nous indique par ordre les fecours néceffaires pour cela , & nous apprend la maniere de le mettre en ufage. Bien plus, je n'avance rien d'abfurde, en difant qu'elle nous enfeigne très-exactement les diverfes méthodes que nous devons fuivre pour connoître , par les différens fymptômes de la maladie, ce qu'il faut faire, & quels moyens il faut employer pour conferver la vie du malade, & pour lui rendre la fanté ; pour ôter la fource du mal & le mal même, ou pour le corriger. Et à cette occafion, s'il m'étoit permis de le faire, fans choquer les régles de la modeſtie, je recommanderois le lecture de ce que j'ai écrit en faveur de ceux qui étudient en Médecine, ſur la méthode de guérir les maladies.

La vérité que je ſoutiens eſt appuyée ſur l'autorité du grand Chancelier Bacon, qui convaincu par expérience de la néceſſité de la Chymie, ne ceſſe de la récommander dans tous ſes ouvrages, comme très-propre à perfectionner les diverſes parties de la Médecine. J'en puis dire autant de Boyle, qui a évidemment démontré l'utilité de la Chymie pour toutes les branches de la Médecine, dans ſon excellent traité du Chymiſte Sceptique, qu'il a lui-même augmenté & éclairci. Voyez encore ce qu'il a écrit ſur le ſuccès peu certain des expériences, ſur les rémèdes ſpécifiques, ſur l'hiſtoire du ſang humain, ſur l'utilité de la Philoſophie expérimentale, ſur la production Mécanique des qualités, & pluſieurs autres de ſes ouvrages. Après ces deux grands hommes eſt-il néceſſaire d'en citer d'autres ? Cependant pour n'avoir rien à déſirer ſur cet article, on peut encore confulter les tranfactions philofophiques, & les mémoires de l'Académie Royale des fciences. On y verra avec quelle induftrie cette Science a été cultivée au grand avantage de la Médecine. On trouvera furtout dans les Journaux, qui s'impriment en Allemagne, plufieurs preuves très-convaincantes de la même chofe. Malgré tout cela il eft fâcheux que les Médecins, qui fe font diftingués par leur expérience & par leur érudition, ayent rarement bien entendu la Chymie, & que d'un autre côté les Chymiftes les plus experts ayent à peine eu, pour l'ordinaire, quelque idée de la Médicine ; cela a fait beaucoup de tort à l'une & à l'autre de ces fciences, fi eftimables d'ailleurs. Quels éloges ne méritent point Jean Bohn, & Frederic Hoffmann, qui excellent dans toutes les deux, & qui fe font acquis par-là une fi grande réputation. Je ne leur joindrai point François de le Boe Sylvius, ni Otho Tachenius, parce que par un attachement exceffif & peu raifonnable pour la Chymie, ils n'ont pas voulu la regarder confi-

derée comme ſubordonnée à la Médecine ; mais qu'en ſuivant leur inclination, plutôt que la nature de la choſe,
ils l'ont conſiderée comme ſupérieure
à cette ſcience, & pour ainſi dire cōm-
me ſa Maîtreſſe. Quant à moi j'ai tâché
de raſſembler toutes les découvertes
chymiques qui ſont utilement & ſû-
rement applicables à la Médecine,
& de les ranger à la place qui leur
eſt due dans le petit ouvrage que j'ai
écrit & intitulé *de Cognoſcendis &*
Curandis Morbis, & dans mon traité
de Materia Medica que j'ai publié
enſuite.

Utilité de la Chymie dans les Art Mécaniques.

Par les arts mécaniques on entend
ici ceux qui demandent qu'on mette
la main à l'œuvre, & non pas cette
mécanique qui fait partie de la Phyſique, & qui explique les forces des
corps, par des propriétés communes à tous ; celle-ci eſt du reſſort de
la Géométrie, & elle ne tire aucun
ſecours de la Chymie ; au lieu que
cette derniere contribue beaucoup à

La Chymie contribue à l'avancement des Arts mé-caniques.

la perfection des arts dont il s'agit, & qui confistent à travailler & à changer les corps.

La peinture, qui par la vivacité de fes couleurs repréfente au naturel les objets vifibles, qui imite & tranf-met à la poftérité ce qu'il y a de plus beau parmi les ouvrages de la nature, eft fi fort eftimée qu'on l'a toujours mife au rang des arts les plus nobles, & que de tous tems elle a fait les dé-lices des Princes. Confultez la-deffus Junius, dans l'ouvrage qu'il a com-pofé, avec un travail immenfe, fur la peinture des Anciens. Or cet art emprunte du fecours de plufieurs au-tres, mais à l'égard de cette partie qui confifte dans la préparation de couleurs vives, belles & durables, il n'y en a aucun qui lui foit auffi utile que la Chymie. Il ne faut pas beaucoup d'exemples pour le prou-ver. Il me fuffira de dire que l'Outre-mer qui eft un fi beau bleu & fi du-rable, fe tire du Lapis Lazuli, uni-quement par le moyen de la Chymie. L'azur en poudre, cette autre cou-leur bleue dont on fe fert communé-ment, eft encore un belle production

qui lui eſt due. Voyez *Antoine Neri*,
L. VII. 115. & les Notes de *Merret*
ſur cet endroit. Qu'y a-t'il que les
grands Peintres recherchent avec
plus d'empreſſement qu'un beau verd,
qui conſerve long-tems ſa vivacité ?
Ils trouvent encore ce qu'ils ſouhai-
tent dans l'Outremer ; cette char-
mante & précieuſe couleur bleue,
mêlée avec un jaune qui ſoit de durée, fait un verd des plus agréables,
& preſque inaltérable par le tems. Or
reſuſez à la Peinture le ſecours de la
Chymie, elle ſera privée de ces deux
belles couleurs.

Je pourrois auſſi parler de ces
couleurs, auxquelles on donne le
nom de Laques, & qu'on prépare
chymiquement par la coction & par
la précipitation : chacun ſait combien leur éclat & leur tranſparence
fait un bel effet dans la Peinture.
Voilà donc encore de quoi cet art
eſt redevable aux découvertes des
Chymiſtes. Voyez le même *Néri*,
L. VII. 116. 120. Je pourrois auſſi
joindre ici le cinabre, l'orpiment,
l'ocre & cette couleur noire dont les
Peintres ſe ſervent & qui eſt une

préparation d'os calcinés dans un vase fermé, & réduits en poudre. Mais j'en ai affez dit pour prouver que quoique la Peinture foit un art bien différent de la Chymie, elle ne peut cependant pas s'en paffer, fans-fe priver des fes plus beaux ornemens. Un Chymifte peut-être expert fans entendre la Peinture, mais un Peintre a véritablement befoin de la Chymie.

Dans l'art d'émailler. Les Chymiftes on fait une découverte par laquelle ils peuvent incrufter les métaux & l'or en particulier, avec des couleurs très-belles & très-agréables, qui ont un éclat femblable à celui du verre, & qui font principalement compofées d'une matiere métallique, & d'un fel alcali fixe très-pénétrant. Je veux parler des emaux, qu'on appelle en latin *Encaufta, Amaufa, Smalta;* le brillant & la variété de leurs couleurs les rendent très-agréables à la vue; & le tems ne les gâte en aucune façon. Il faut confulter encore là-deffus Neri dans tout fon fixiéme livre, & furtout Ifaac Hollandus qui a écrit avec beaucoup d'élégance, & d'é-

tendue

tendue fur ce fujet. L'émail égale
prefque en beauté les magnifiques
ouvrages en Mofaïque des Anciens.
On s'en fert avantageufement pour
embellir les braffelets & d'autres ornemens qui contribuent à la parure
du beau fexe.

Il y a une troifiéme forte de Peinture, qui n'eft en rien inférieure aux
précédentes ; je veux parler de celle
du verre, fur lequel on voit avec admiration des figures repréfentées
avec les couleurs les plus vives, &
qui cependant font tranfparentes.
Nous en avons des exemples frapans
fur les vitrages qui font dans l'Eglife
de Gouda, ici en Hollande. On y
voit des Peintures qu'on auroit bien
de la peine à imiter à préfent. Après
qu'on avoit appliqué les couleurs fur
la furface du verre, on avoit ci-de-
vant l'art d'en augmenter l'éclat par
le moyen du feu, & de les rendre
parfaitement tranfparentes, en même
tems qu'on faifoit qu'elles péné-
troient dans la fubftance même du
verre, fans cependant s'étendre ni
fe confondre en aucune façon. C'é-
toit là certainement une très - belle

Tome I.   I

invention & fort propre à orner les Eglifes ou les Bafiliques ; nous n'en avons plus le fecret, & nous n'avons pas grande efpérance de le retrouver jamais, à moins que le Chymiftes ne travaillent à le découvrir en dirigeant à cela les opérations & les productions de leur art.

Dans la teinture. L'art de teindre approche fort de la Peinture : il confifte à donner les plus belles couleurs à la foie, au coton, au lin, & furtout à la laine, dont on fait enfuite des habits, des tapifferies, &c. Cet art dépend principalement de trois chofes. Il faut premierement bien nétoyer les corps que l'on veut teindre, & rendre leur fuperficie poreufe, pour qu'ils puiffent s'imbiber des couleurs & les retenir ; ce qn'on exécute par la lotion dans différentes leffives, par la digeftion & par la contufion. L'urine humaine putréfiée, le fel âcre des cendres, diverfes fortes de favon & le fiel des animaux, font les principaux matériaux qu'on employe à cela ; ils détrempent & enlévent cette vifcofité gluante du ver qui refte attachée aux fils de foie qui font toujours doubles ; ainsi ils les rendent nets & propres à s'imprégner des couleurs. Ils dégagent la laine de cette huile sale & fétide qui lui est adhérente, & ils délivrent le lin d'une certaine graisse ténace dont il est enduit naturellement. Or une connoissance un peu étendue de la Chymie est d'une très - grande utilité quand il s'agit de préparer, de choisir, ou d'appliquer ces matériaux ; elle fait qu'on a toujours quelque chose de nouveau & d'utile à ajouter aux premieres inventions. La seconde chose qui est ici nécessaire, est qu'on ait soin de préparer les couleurs telles qu'elles doivent être pour bien pénétrer dans le corps qu'on veut teindre, & pour qu'elles conservent leur vivacité, sans aucune altération ; & c'est ici où la Chymie a donné des preuves si claires de ce qu'elle pouvoit faire, que tout homme qui entend ce dont il est question, ne sauroit révoquer en doute qu'on ne puisse en attendre les plus belles productions, si l'on a fait souvent usage à cet égard. Corneille Drebbel, Originaire de la Ville d'Alcmar, homme d'une probité & d'une intégrité reconnue, & si fort versé dans les parties les plus difficiles de la Chymie, que cela lui attira l'estime & la faveur du Roi d'Angleterre, & fit qu'on le mît au nombre des Adeptes; Drebbel, dis-je, entr'autres choses a laissé par écrit une expérience fur la teinture de la laine en rouge de feu éclatant; par le moyen de ce secret son gendre Kuffelaar gagna dans la suite beaucoup de bien. Il exalte la cochenille bien pénétrée d'esprit de nitre jusqu'à ce qu'elle ait acquis une couleur d'un beau rouge de feu; dans cet état elle rougit la laine par son âcreté, mais on l'adoucit par le moyen de l'étain, & alors l'on a une teinture qui n'endommage ni la soie ni la laine, & qui cependant n'a rien perdu de sa beauté. Enfin la troisième chose nécessaire dans la teinture, ce sont de belles couleurs; & c'est à la Chymie à les préparer. Je me rappelle d'avoir montré autrefois à d'habiles Teinturiers des couleurs que j'avois faites avec de la solution de cuivre. Frapés de leur beauté ils me

dirent qu'ils acheteroient volontiers
à quelque prix que ce fut de semblables couleurs, s'il y avoit moyen d'en
teindre les étoffes, sans qu'elles per-
diffent de leur éclat ; & cela n'est pas
étonnant ; car le bleu, le violet &
le verd qu'on peut former avec le
cuivre, & qu'on peut rendre plus ou
moins foncés en un moment, selon
qu'on le souhaite, font des couleurs
qui charment si fort par leur douceur & leur variété, que qui pourroit les imprimer d'une façon durable à la soie, à la laine, ou au coton, posséderoit un secret qui lui
vaudroit un trésor. Il ne faut donc
pas douter que la connoissance de
la Chymie, ne fut très-utile à un
Teinturier, pour le mettre en état
d'enrichir tous les jours son art par
quelques belles découvertes.

S'il y a un Art utile aux hommes *Dans l'art de*
c'est certainement celui de faire le *faire le verre.*
verre. Le verre, lorsqu'il est poli,
remédie aux défauts de notre vue ;
sans lui, dès qu'on est parvenu à un
certain âge, il ne faut plus penser à
la lecture : c'est par son seul secours
qu'étant dans nos maisons, ou en

voiture, ou en bateaux, nous pouvons nous garantir de la chaleur,
du froid, du vent, de la poussiere,
& cependant voir clairement tout ce
qui se passe au-dehors. Les vases de
verre ne se salissent pas si aisément,
ou si cela arrive rien n'est plus aisé
que de leur rendre leur premiere pureté. Ils nous laissent voir les choses
qu'ils renferment, ils les conservent
longtems sans leur causer d'altération, ou sans en souffrir aucune de
leur part; du moins cela est-il fort
rare : s'ils sont bien fermés de tout
côté, ce qu'ils contiennent reste incorruptible & immuable. Le verre
est à l'épreuve de tous les corrosifs ; il
peut même résister à la force de l'alcahest, si tant est qu'on ait jamais eu un tel
dissolvant, & cela soit qu'on le fasse
bouillir avec lui, ou qu'il y soit simplement agité de côté & d'autre par
la violence du feu ; & cependant cet
alcahest dissout & réduit tous les
autres corps en une eau pure. Le
verre est le principal instrument dont
on se sert en Chymie. C'est une invention très-ancienne, on en a fait
beaucoup d'usage en Egypte ; on

avoit du tems de Tibere le fécret
de le rendre malléable : le plus beau
fe fait depuis quelques fiécles , à
Morrano, dans le territoire de Ve-
nife & en Angleterre : s'il n'étoit
pas auffi commun , il eft certain qu'il
feroit beaucoup plus précieux qu'aucun métal. Le choix des matériaux
avec lequel on le fait, leur préparation, leur mêlange , leur coction,
& leur plus grande perfection, dépendent fi fort de la Chymie, que
fi l'on veut y réuffir & faire de nouvelles découvertes à cet égard, il ne
faut pas aller chercher du fecours
ailleurs. Les cailloux , les fables, les
pierres fervent à faire diverfes efpeces de verres, & les différentes
méthodes qu'on fuit dans leur uftion
& leur calcination mettent une grande variété dans la beauté de ces verres, de même que les cendres en
mettent dans leur bonté, fuivant
qu'elles font tirées de diverfes efpéces de Plantes. Enfin un fel Alcali
fixe, acre, bien purifié, & mêlé
avec de la bonne chaux de cailloux,
donne un verre fort net, & plus pur
que le fuccin ; & même plus le Sel

eſt abondant & la chaux en petite quantité, plus le verre eſt tranſparent, mais auſſi il perd ſa beauté; le feu & l'eau le font fendre, il devient opaque & laid, il ſalit, ſouvent même il gâte tout-à-fait ce qu'il renferme; on en a une preuve dans le thé, qui ſe conſerve fort bien dans du verre verd, mais qui perd toute ſa bonté quand on le met dans du ver fin. Auſſi pour faire des inſtrumens de Chymie, on choiſit toujours du verre verd, durable, compoſé de beaucoup de ſable & de peu de ſel, cuit à un feu violent & continué pendant longtems. Je n'en dirai pas d'avantage ſur ce ſujet, parce qu'il a été amplement éclairci par d'autres. Voyez encore le fameux Antoine Néri, Florentin, dans ſon Traité ſur l'Art de faire le verre; le célébre George Agricola dans ſon ſeptiéme livre ſur les foſſiles; Chriſtophle Merret, ſçavant Anglois, dans ſes Remarques ſur les Livres de Néri, & Jean Kunckel, que les dépenſes véritablement royales du Marquis de Brandenbourg mirent en état de pouſſer cet Art preſque jusqu'à son plus haut dégré de perfection, comme cela paroît par son Commentaire sur Néri, qu'il publia in 4°. à Leipsic, l'an 1679. mais surtout par son Traité *de Gemmis artificiolibus*, qu'il ajouta à la fin de ce Livre.

Il y a une autre sorte de verre, qui est aussi transparent, mais teint en même tems des plus belles couleurs. Les Chymistes à qui seuls l'invention en est due, imitent la nature dans la production des pierres précieuses les plus brillantes, en mêlant intimément avec un verre bien uni & très-pur du métal divisé en très-petites particules & lui donnant par-là un éclat de durée. Il n'y a aucune pierre, estimée précieuse à cause de sa couleur, qu'on ne puisse imiter par cette espéce de verres artificiels. Et si l'on parvient jamais à perfectionner assez l'art de la verrerie pour faire du verre qui soit une fois & demi plus pesant que celui que nous avons à présent, il sera alors aisé de faire des pierreries artificielles que des teintures métalliques rendront aussi brillantes que les naturel-

I v.

les ; car plus la matiere transparente qu'on employe est dense & solide, plus la couleur Métallique répandue dans toute la masse est vive. Mais jusques-ici l'Art n'a pas pu donner au verre ce dégré de solidité ; cela est cause que la matiere des fausses pierreries est moins dense que celle des véritables, & ne réfléchit pas les rayons de lumiére avec la même force, ce qui la rend moins brillante. On a bien essayé d'en augmenter le poids, en y mêlant du plomb : mais par-là elle devient trop tendre. Que ceux qui travaillent en Chymie s'appliquent à trouver le moyen de condenser le verre, ils seront abondamment récompensés de leur travail, s'ils peuvent en venir à bout. Il y a encore une seconde chose pour la perfection des pierreries artificielles, c'est de donner au verre assez de dureté pour que le frottement qu'il souffre quand on le porte ne lui fasse pas perdre son poli & l'éclat qui en est une suite, mais qu'au contraire il retienne sa premiere beauté, & soit autant incorruptible que les pierres précieuses

qui font l'ouvrage de la nature. Si
enfin l'on avoit donné au verre le
dégré de denfité & de dureté néceffaire, il faudroit encore le colorer avec quelque riche teinture métallique, & lui donner une figure
polyhèdre; & on pourroir ici fur-
paffer la nature en grandeur & en
variété: car l'on a en quantité des
belles couleurs, très-variées, qu'on
peut mêler intimément avec le verre
fondu, ou qu'on peut faire pénétrer
par le feu dans l'intérieur de fa
fubftance, en fe contentant de les
placer fur fa furface; fi au moins on
vient à retrouver jamais cet ancien
fecret. Or il n'y a que la Chymie
d'où l'on puiffe efpérer quelque lumiere fur ces trois chofes, qui fervent de fondement à l'Art de faire
des pierreries artificielles: elle feule
nous fournit tous les jours quelque
occafion de faire ici de nouvelles découvertes, ou de perfectionner celles
qu'on a déja faites.

Comme jufques ici les plus grands
Maîtres ont fait de vains efforts
pour donner au verre artificiel cette
denfité & cette dureté requife, quel-

ques-uns d'entr'eux ont cru que le cryſtal foſſile dans ſon état de perfection, bien tranſparent & ſans aucune tache, répondroit à leur vue; car la nature l'a fait ſuffiſamment peſant, & lui a donné une ſi grande dureté, qu'il peut même couper le verre; il ne s'agit plus que de le colorer d'une teinture métallique, en lui conſervant ſa tranſparence & ſon poli extérieur. On a eſſayé la choſe, en plongeant des cryſtaux rougis au feu dans des liquides colorés, & l'on auroit réuſſi en partie, ſi ces cryſtaux ne s'étoient pas fendus en divers endroits. Voyez *Boyle* dans ſon *Traité ſur les Pierres précieuſes.* pag. 19. 44. D'autres ont cémenté le cryſtal avec diverſes métaux, & ce n'a pas été ſans ſuccès; les métaux une fois fondus ſont entraînés & forcés par le feu à pénétrer dans l'intérieur du cryſtal. Et il n'eſt pas impoſſible que l'Art ne découvre un jour quelque matiere chargée de couleur métallique, qui formant une croute ſur le cryſtal pourra, à l'aide du feu, ſe répandre dans toute ſa maſſe, & lui imprimer cet éclat que l'on fouhaite. Je crois qu'en voilà affez pour conclure que fi l'on peut fe flatter de faire quelque découverte importante dans ce bel Art, c'eft par le moyen de la Chymie ; & je ne vois pas qu'on puiffe rien attendre de bon des autres fciences à cet égard.

l'Art métallique dépend fi fort de la Chymie, qu'on peut dire qu'il lui appartient en propre. Je n'entends pas ici cet Art qui confifte dans une prétendue production & tranfmutation des métaux, & fur lequel je dirai naturellement ma penfée, lorfqu'en parlant de l'ufage de la Chymie dans l'Alchymie, j'aurai occafion d'expofer le petit nombre de découvertes que mes méditations m'ont conduit à faire à cet égard. Mais je veux parler ici de cet Art qui nous apprend à rendre les métaux propres aux ufages, & aux ornemens auxquels les homme les employent. Il arrive fouvent, par exemple, que plufieurs caufes rendent l'or pâle, & qu'il n'a pas fa couleur jaune ordinaire ; un Chymifte la lui rend avec tout fon luftre, à l'aide du feu, par la cémentation, ou par le moyen du régule d'antimoine. C'est ce que nous voyons à présent dans les Ducats qui se battent en Hollande ; ils ont un éclat qui les distingue de tous les autres, & que celui qui a l'Intendance de la monnoye fait leur donner par un Art qui lui est particulier. Si ce même métal étoit tout-à-fait pur, il seroit trop tendre pour être monnoyé : il n'est propre à cet usage que quand il est mêlé avec une juste quantité de cuivre principalement, ou d'argent. L'argent même est aussi trop tendre & trop ductile pour servir aux usages auxquels on l'employe tous les jours, il faut le mêler en juste proportion avec du cuivre, & alors il devient tel qu'il doit être pour qu'on en puisse frapper de la monnoye, & en faire des ustenciles de ménage. Il n'est pas nécessaire de parler ici du léton, qui est un mêlange de cuivre & de pierre calaminaire, & qui approche de l'or par l'éclat de sa coulenr ; ni du Prince-métal, qui est une composition de cuivre & de zinck, & qui étant doré proprement à un lustre qui surpasse même celui de l'or affiné. Ne doit-on pas aussi admirer & estimer l'Art de dorer ou d'argenter les autres métaux qui sont plus vils ? Voilà un petit nombre d'exemples, qui suffisent pour prouver, que la Chymie est très-utile dans la métallurgie, & qu'un habile chymiste en mêlant différens métaux, pourra produire plusieurs autres effets. Il résulte encore d'ici quelques avantages pour la médecine : témoins ces potions faites avec du régule d'antimoine, tempéré par d'autres métaux, qui communique une qualité médicinale au vin dans lequel on le fait infuser. Il seroit à souhaiter que le fameux Van-Helmont ne nous eut pas caché la composition d'un certain métal, qui, configuré en anneau & porté seulement pendant autant de tems qu'il en faut pour réciter l'Oraison Dominicale, avoit la vertu de guérir toute douleur hémorroidale tant interne qu'externe, d'appaiser sur le champ une maladie hystérique, & d'arrêter les mouvemens convulsifs des muscles (p. 745. §. 39.) Je conseille donc à ceux qui ont du goût

pour cette Science de travailler à faire de semblables découvertes : souvent il y a quelque vertu cachée dans
ces sortes de composés, & l'on peut
faire avec eux divers essais & plusieurs expériences, sans danger &
sans nul inconvenient.

Mais passons à la métallurgie qui
consiste à savoir connoître & distinguer les glèbes fossiles telles qu'on les
trouve dans leurs veines souterrai-
nes, à les préparer & à en tirer des
métaux purs & dégagés de toute
matiere héterogène : cette partie de
l'Art métallique dépend encore de la
Chymie : & il n'en faut pas d'autre
preuve que celle-ci ; c'est que la
Chymie lui doit sa premiere origine,
& qu'encore aujourd'hui les Chymistes la perfectionnent tous les jours.
Pour s'en convaincre on n'a qu'à
parcourir avec attention les Ouvrages de George Agricola, de Lazare
Erker, de Jean Rodolph Glauber,
& de plusieurs autres Auteurs, qui
doivent principalement à ces trois
hommes bien des choses qu'on trouve
dans leurs écrits. Mais pour ne rien
laisser à desirer à cet égard, je vais

donner quelques exemples de ce que j'avance ici. C'est une chose connue de tous ceux qui se sont appliqués à la Chymie qu'on peut aisément préparer une matiere, qui mêlée avec l'or, l'argent & les autres métaux, les rend d'abord si volatils, qu'un petit feu peut les agiter dans la cornue de verre qui les contient, & les faire passer par son ouverture. L'expérience a aussi appris qu'il se trouve souvent une telle matiere dans les glèbes fossiles qui renferment les plus précieux métaux : quand on expose au feu ces sortes de glèbes, le métal s'en exhale, au grand préjudice de ceux qui font travailler à la mine. C'est ainsi qu'on trouve souvent un souffre volatil & très-dommageable, joint avec l'or & l'argent, qui volatilise & disperse dans l'air une très-grande quantité de ces métaux quand on les expose à l'action du feu. Mais l'industrie des Chymistes a inventé certaines méthodes de fixer si bien ces glèbes volatiles qu'elles peuvent être fondues dans le feu le plus violent, & cependant rester fixes ; par ce moyen on en sépare le métal des autres chofes. On fait que le régule d'antimoine, mêlé avec le double de mercure fublimé corrofif, fe convertit, par une chaleur moderée, en une fubftance graffe & très-volatile; qui expofé à un petit dégré de chaleur, s'exhale en vapeurs très-venimeufes, & qui enfin par l'action réiterée du feu devient une huile limpide, qui s'en va de foi-même en fumée. J'en ai fait fouvent l'expérience en préfence de plufieurs Spectateurs. Mais ce qu'il y a ici de plus furprenant, c'eft que fi l'on verfe fur une livre de cette huïle une égale quantité d'eau, auffi-tôt elle devient blanche, & il s'en précipite une chaux métallique d'antimoine, capable de foutenir un fi grand feu, qu'elle peut le fondre & former une maffe femblable à l'argent : c'eft-là le meilleur régule d'antimoine que l'art puiffe produire. Que cette fimple expérience nous apprenne donc à arrofer d'eau les glèbes volatiles qui contiennent des métaux; & remarquons alors fi elles donnent plus de métal qu'auparavant. Le fer mêlé avec ces glèbes, lorfqu'on les calcine,

absorbe aussi quelquefois si entiérement le souffre, qu'il le met hors
d'état de volatiser les parties métalliques. Les sels alcalis fixes ont de
même été une source de richesses,
car on les a aussi employé avec succès à dompter & à résoudre ces souffres, ou ces acides, qui mêlés avec
la matiere métallique, la rendoient
volatile au feu. Les riches mines d'argent du Pérou sont malheureusement
infectées d'une substance grasse, qui
dissipe la glèbe en fumées, dès qu'on
l'approche du feu ; ce qui a fait perdre une très-grande quantité d'argent. Mais on en perd presque pas un
seul grain à présent, depuis que les
Chymistes ont enseigné aux ouvriers
à calciner lentement cette mine à un
feu modéré, à la briser après cela en
petits morceaux, ensuite à la broyer
avec du vif-argent, à la laver avec
de l'eau en suivant une certaine méthode, & enfin à séparer & à rassem-
bler en une masse l'argent qui s'est
insinué dans le Mercure, en jettant
toute cette matiere dans des cornues
d'où l'on fait exhaler le mercure : par
ce moyen on conserve des trésors im-

menfes, qui fans cela fe perdroient entiérement. Combien de fois les Effayeurs & ceux qui travailloient aux mines n'ont-ils pas été embarraf-fés par la difficulté qu'ils trouvoient à féparer l'argent d'avec l'étain ? Mais cette préparation fe fait à pré-fent fans peine , & prefque fans au-cune dépenfe , depuis que les Chy-miftes ont découvert que le cuivre fondu diffipe entiérement l'étain. Je pourrois rapporter une infinité d'au-tres avantages que la Métallurgie tire de la Chymie; mais ce n'eft pas à préfent le tems d'entrer là-deffus dans un plus grand détail; il faut paffer à autre chofe.

Dans la guerre. La Chymie nous a auffi fourni plufieurs inftrumens de guerre, in-connus aux anciens , & fort dom-mageables aux modernes ; il feroit à fouhaiter qu'elle n'eût pas été auffi ingénieufe à cet égard. Mais comme de tout tems les hommes ont cherché à fe détruire les uns les autres en fe faifant la guerre , on s'eft vû dans la néceffité de repouffer la force par la force; & en ceci la Chymie eft fort utile , car on peut dire qu'aujourd'hui, après l'argent, elle est le nerf de la Guerre. Dans le douziéme siécle, Roger Bacon trouva en Angleterre la poudre à canon, avec laquelle il imitoit le tonnere & la foudre ; on fut assez heureux alors pour qu'il n'employât point cette belle invention à la perte des hommes. Mais environ deux siécles après, Berthold Schwartz, Moine & Chymiste Allemand , ayant remarqué par hasard que cette poudre, qu'il avoit préparée pour quelque usage de Médecine, avoit une force expansive qui se manifestoit très-promptement, il fit l'épreuve de cette merveilleuse propriété en mettant premierement de cette poudre dans un tuiau de fer, & ensuite il la fit servir à la Guerre; les Vénitiens furent les premiers à qui il en enseigna le secret. Depuis ce tems-là jusqu'à présent toutes les opérations de la guerre dépendent si fort de cette découverte Chymique, que par son moïen un enfant est en état de tuer le plus grand Capitaine , & qu'il n'y a aucun obstacle, quelque fort qu'il soit, qui puisse résister à son impétuosité.

Le fameux Coehorn, Lieutenant Général dans les Troupes de nos Provinces, ayant bien examiné la force de la poudre, a tout-à-fait changé l'Art de la Guerre tant offensive que défensive ; de sorte que les Forteresses qui passoient autrefois pour imprenables, ne peuvent préserver ceux qui les défendent, ni les garantir des dangers ausquels ils font exposés, lors même qu'ils font derriere leurs retranchemens ; les effets de cette poudre deviennent encore de plus en plus redoutables. Mais il y a d'autres poudres qui ne font pas moins furprenantes. Celle qu'on compofe de fouffre, de Nitre & de lies de vin brulées, a une force fi prodigieufe qu'on ne peut prefque en parler fans frémir. Peut-on penfer fans effroy aux plus terribles effets de l'or fulminant ? Quand nous mêlons des huiles odoriférantes, que la Chymie a tirées de quelque aromate, avec une liqueur extraite du fel de nitre, nous avons une compofition, qui a beaucoup plus de force que la poudre à canon, & qui s'allume d'elle-même fans l'aide du feu,

avec une furie que rien n'égale. On
a eu en Allemagne un exemple fort
triste d'une force explosive bien su-
périeure à toutes les précédentes ;
c'étoit un baume de souffre térében-
thiné, qui étoit enfermé dans un matras bouché, & qui mis en mouvement par la chaleur du feu, sauta
avec un fracas épouventable. Plaise
au ciel que les hommes n'étant plus
ingénieux à trouver les moyens de
se détruire, cessent de se faire cruel-
lement la guerre les uns aux autres,
& n'employe plus à leur propre
perte les belles inventions d'une
science très-salutaire par elle-même!
C'est-là une considération qui m'o-
blige à me taire sur plusieurs autres
découvertes plus dangéreuses &
plus détestables.

Je crois qu'il est assez prouvé parmi les Sçavans, qu'autrefois en Asie
on a donné le nom de Mages à des
hommes qui se distinguoient des autres par leur sagesse : & que ce mot,
dans son sens propre, ne signifie
pas toujours des Artisans d'iniquité,
des gens qui inventent des ruses &
des fraudes, des esclaves des dé-

mons ; témoin ce que dit Saint Matthieu des Mages venus d'Orient, qui étoient des hommes fameux par leurs connoissance en Astronomie, qui adoroient le vrai Dieu, & qui même en étoient protégés d'une façon particuliere. Presque toutes les histoires nous apprennent qu'ils étoient aussi dans les tems anciens fort estimés des Princes, & consultés sur les affaires les plus importantes de l'Etat. Et nous trouvons que Zoroastre lui-même, Fondateur de leur Secte, & Roi des Bactriens, étoit très-versé dans la connoissance des Astres, dont il avoit étudié soigneusement les mouvemens, & qu'il s'étoit fort appliqué à connoître les principes du monde, *Justin.* l. 1. C'est pour cela, comme nous l'apprend Ciceron, *de Divin.* I. 91. que les Rois de Perse étoient instruits dans la Science des Mages, avant que d'être appellés au gouvernement de l'Etat. Le même Auteur nous dit encore que les Mages passoient en Perses pour des gens sages & sçavans, *de Divin.* I. 47. Il est arrivé par-là que des gens ignorans, & cependant avides de

gain

gain & de réputation, ont tâché d'imiter la profonde érudition des Sçavans, en se servant d'un pompeux verbiage, & en employant toutes sortes de ruses ; souvent leur ignorance & leur mauvaise foi ayant été découvertes, ils ont été cause qu'on en est venu à mépriser l'Art magique ; les Mathématiques, quoiqu'avec aussi peu de raison, ont éprouvé fréquemment le même sort. Les vrais Mages s'attachoient soigneusement à connoître la nature des choses, cela fut cause qu'ils firent souvent des découvertes que Dieu avoit trouvé à propos de cacher à la plupart des hommes, & qu'il avoit comme destinées pour récompense du travail de ceux qui se distingueroient des autres par des talens & par une application soutenue ; de-là vint que le peuple ignorant crut que c'étoient les démons, avec lesquels ils entretenoient commerce, qui leur réveloient ces choses. C'est pour cela qu'on les respectoit plus par crainte que par amour. Et l'on étoit d'autant plus porté à avoir d'eux cette opinion,

Tome I. K

qu'on a cru de tout tems parmi les hommes, qu'il y a des démons bons & mauvais, tous très-verſés dans la connoiſſance des ouvrages de la nature, & qui, les uns par principe d'amour, & les autres par principe de haine pour le genre humain, tâchoient d'attirer à eux, & de s'attacher les Hommes par la ſcience même, dans l'eſpérance ou de les ſauver ou de les perdre. Je n'examine pas ici ſi cette croyance étoit fondée ou non ; j'ignore quelles ſont les perfections, les forces, les inſtrumens, & les propriétés cachées des créatures que Dieu a formées. Par tout ce que nous connoiſſons juſques à préſent, nous ſommes conduits à croire qu'il y aura dans la ſuite une infinité de choſes qui ſe dévoileront aux yeux des hommes, & dont on n'a pas aujourd'hui la moindre idée. Qui peut nier qu'il y ait des êtres qui ont naturellement la faculté de pouvoir pénétrer plus avant dans la nature des choſes créées, que ne l'ont pu juſques ici les hommes les plus clairs-voyans ? Qui démontrera que de telles intel-

ligences, fans aucun fecours corporel, ne puiffent pas connoître les
corps, découvrir leurs propriétés,
appercevoir l'enchaînement & l'ordre
des caufes, voir les chofes préfentes,
prévoir celles qui doivent arriver,
& fçavoir le paffé? Il ne paroît pas
non plus contradictoire que de telles
Intelligences puiffent faire connoître leurs penfées aux ames des hommes, puifque nous ignorons en effet
jufqu'à préfent la liaifon & le commerce qu'il y a entre les êtres pen-
fans, de même que le nombre & les
diverfes efpéces de ces êtres qui font
doués d'entendement, de volontés
& de paffions : comment pourrions
nous prononcer fur tout cela, nous
qui ne fçavons pas même comment
un corps qui fe meut, peut communiquer de fon mouvement à un
autre qu'il rencontre en fon chemin ?
Ofera-t'on nier qu'il puiffe y avoir
des images incorporelles qui voltigent dans l'air fous une certaine forme apparente, mais vuide, lorfqu'on
a vu ces petites figures que la réflexion d'un miroir concave fait paroître fufpendues en l'air ; on les ap-
K ij

perçoit si distinctement qu'on en est frappé, quoiqu'on sçache ce que c'est; on y découvre aussi claire-ment les mêmes dimensions, la mê-me figure, la même vivacité de cou-leur, en un mot tout ce qu'on re-marque dans un corps solide; & ce-pendant il est impossible de les ma-nier ou de les toucher. Et comme notre ame découvre par le moyen du corps auquel elle est étroitément unie, ce qui est hors d'elle, pour-quoi ces figures légeres ne pour-roient-elles pas avoir aussi une ame capable de pénétrer, de mouvoir & de changer chaque chose? Que cela soit ou ne soit pas, c'est ce que je ne détermine point: peut-être qu'un qu'un jour nous saurons au juste ce qu'il en faut penser. Par conséquent je ne prétends pas non plus assurer, ni nier, que les hommes ayent sçu ou fait par le secours des dé-mons certaines choses qui ne pou-voient être connues par aucun autre moyen naturel. C'est une hardiesse & une vanité mal placée, que de vouloir prononcer définitivement, lorsqu'on ne connoît presque rien de ce dont il s'agit. Qu'on ne regarde pas au reste, ce que je dis ici, comme partant d'un homme qui cherche à faire croire des contes de vielles, des rêveries de gens oisifs, des inventions de quelques personnes crédules, ou des fictions de certains imposteurs. Rien moins que cela ! Je sçais trop qu'il n'y a que le vulgaire le plus ignorant qui ajoute foi à ces sortes de contes, & qu'il y a très-peu de gens de bon sens qui en fassent cas ; le nombre de ces derniers diminue même toujours à proportion qu'ils font des efforts pour acquérir plus de pénétration, & qu'ils son plus sur leurs gardes pour empêcher qu'on ne puisse leur en imposer.

On attribue aux Magiciens de pouvoir prédire l'avenir ; connoître les choses cachées ; exciter dans l'ame des passions, & les tourner du côté de quelqu'objet qu'on veut ; reprimer les vices ; inspirer du goût pour la vertu ; donner, guérir, ou diminuer des maladies par des nombres, des mots, des signes, des figures, des sons inarticulés, des charmes, des

petites images, par le feul regard,
ou en jettant quelque chofe ; fe changer en diverfes formes, ou opérer
ces changemens fur d'autres ; faire
que quelqu'un qui eft préfent difpa-
roiffe en devenant invifible ; fe tranf-
porter dans l'air où l'on veut, ou
marcher fur les eaux : donner à des
chofes inanimées la vie, le fentiment, le mouvement, la parole, &
leur infpirer des paffions ; évoquer
les manes, les démons, les ombres
& les corps de morts ; contraindre,
chaffer, vaincre les fpectres ; obté-
nir des dignités, trouver des tréfors,
faire que l'argent que l'on dépenfe
revienne dans la bourfe, rendre les
corps invulnerables, battre les ennemis, ou les rendre fur le champ immobiles comme des ftatues, quand
on le trouve à propos ; commander
aux élémens, vaincre la nature même pour empêcher que l'eau ou le
feu ne puiffent nuire ; produire par
un feul mot des météores dans l'air ;
dompter & régir par la force de l'en-
chantement les bêtes les plus féroces ;
faire paroître des fpectacles rifibles
par une feule parole, & plufieurs au-

tres prodiges semblables. Jamais les véritables Mages ne se sont vantés de pouvoir faire aucune de ces choses, ni d'autre de cette nature ; ce sont autant de rêveries qui partent de la cervelle dérangée de quelque vieille femme ; il n'y a que des gens très-superstitieux qui y ajoutent foi ; & il arrive aussi quelquefois que des personnes malignes inventent de pareils contes pour en imposer aux gens crédules, & les faire passer par où elles veulent. Le fameux Roger Bacon, que j'ai déja eu occasion de citer plus d'une fois, & qu'on peut regarder avec raison comme un Auteur de très - grand poids, a écrit avec beaucoup de force contre ces ridicules opinions : il fait voir qu'il n'y a point de telle magie, & il ne croît pas même qu'il y en ait jamais eu parmi les hommes. Au contraire, il nous assure sérieusement que le Créateur a imprimé à des corps certaines propriétés, certains pouvoirs, mais secrets & cachés, capables de produire des effets aussi miraculeux, que ceux qu'on attribue aux prétendues opérations des démons. Il croît

que ces vertus ou ces propriétés ne
font connues que de ceux qui travaillent foigneufement à les découvrir avec une application infatiga-
ble, & par des expériences réiterées
avec prudence & avec choix : quand
une fois ils les ont découvertes, ils
peuvent les appliquer les unes aux
autres, & produire par leur moyen
des chofes que des gens qui ne con-
noiffent pas ces propriétés, regar-
dent comme contraires aux loix de
la nature, & par conféquent comme
l'effet d'un pouvoir furnaturel. Voilà
une connoiffance folide & réelle qu'il
eft permis d'appeller une Magie Naturelle ; c'eft celle - là que j'entre-
prends de recommander; elle eft très-
utile à la fociété, agréable pour ceux
qui l'entendent, & fes merveilleufes
opérations la rendent propre à ma-
nifefter lu puiffance & la gloire du
Créateur. Qu'on me permette d'en
donner quelques exemples, qui dépendent uniquement de la Chymie.
Suppofons que des Auteurs très-di-
gnes de foi, qui auroient vécu il y
a mille ans, euffent laiflé par écrit
que de leur tems un homme avoit

dit en public & en préfence d'un très-
grand nombre de témoins, qu'une
haute tour, que tous voyoient à la
diftance de vingt ftades, alloit dans
un moment s'élever d'elle-même en
l'air, & qu'elle retomberoit bientôt
en piéces, & que cela étoit arrivé
précifément comme il l'avoit prédit.
Tous ceux qui liroient ce fait, le
regarderoient comme fabuleux, ou
diroient qu'il a été produit par quelque puiffance fupérieure à celle des
hommes, & à celle de la nature même; & par conféquent ils l'attribue-
roient à quelque divinité, ou à quelque être infernal. Si cependant il n'y
avoir eu qu'un feul homme qui con-
nût la force de la poudre à canon,
qu'il en eût enfoui une quantité fuffi-
fante fous cette tour, & que par le
moyen d'une horloge, comme cela
fe pratique aujourd'hui, il eût fait
qu'un morceau d'acier allât frapper
contre un caillou, dans un moment
déterminé, pour mettre le feu à la
poudre, & qu'il eût bien préparé
toutes les autres chofes néceffaires
pour cela ; il auroit fûrement fait
fauter la tour : par un tel miracle, il

K v

ſe ſeroit attiré la confiance, je ne dis pas ſeulement du peuple, mais même de toutes les perſonnes de bon ſens, & il leur auroit fait croire ce qu'il auroit voulu. Qu'on s'imagine, par exemple, qu'un tel ſecret n'eut été connu que d'un Mahomet, ou d'un Aly, avec quel ſuccès n'auroient-ils pas pu en faire uſage? Mais dès qu'une fois il a été rendu public, tout ſon merveiilleux a diſparu, & on regarde à préſent comme naturel un effet qu'on auroit tenu auparavant pour ſupérieur à tous les miracles magiques dont il eſt parlé dans l'hiſtoire; ce n'eſt pas que de notre tems même les plus habiles connoiſſent la cauſe d'un ſi grand effet, mais c'eſt que nous nous imaginons fauſſement que nous avons aſſez de pénétration pour comprendre la cauſe de ce que nous voyons arriver ſouvent. Ume perſonne pourroit prédire que dans une heure il y aura un tremblement de terre dans un endroit déterminé, qu'il en ſortira d'abord une épaiſſe fumée, qui ſera bientôt ſuivie d'une flamme bruyante. Tous ceux qui entendroient une

telle prédiction ne feroient qu'en ri-
re ; mais auſſi quel ne feroit pas leur
étonnement, ſi peu de temps après
ils voyoient la choſe arriver parfaitement comme elle a été prédite !
Et pour cela, vous n'avez qu'à prendre de la limaille de fer toute fraîche,
mêlez la avec un égale quantité de
ſouffre bien pur, & avec un peu
d'eau ; faites de cela une pâte du
poids de cinquante livres ; mettez la
en terre à la profondeur d'un pied &
demi ; preſſez bien la terre dont vous
la couvrirez ; & alors vous verrez
l'accompliſſement de la prédiction.
Et n'eſt-ce pas quelque choſe de ſurprenant, que du fer froid, du ſouffre
ſans force, & de l'eau froide puiſſent
produire de la chaleur, de la fumée,
du feu, des flammes, margré le poids
de la terre qui eſt deſſus, & ſans le
ſecours d'aucun feu ! On raconte
que le Gouverneur d'un jeune Gen-
tilhomme employa inutilement toutes ſortes de remontrances pour retirer ſon éléve de la débauche, par
laquelle il ruinoit ſa réputation &
dèshonoroit ſa famille. Ne ſachant
plus comment s'y prendre, on ne

K vj

devineroit pas à quel expédient il
eut recours ; ce fut à un artifice Chymique, qui lui réuſſit. Une nuit que
ce jeune homme dormoit tranquillement dans la même Chambre où étoit
ſon Gouverneur, ce dernier ſe léve ſans
faire de bruit, & avec du phoſphore
d'Angleterre il écrivit en grands caractères le nom du Dormeur, ſur une
planche qui étoit aupieds de ſon lit,
en y ajoutant trois mots qui l'avertiſ-
ſoient qu'il eût à ſe repentir, à ſe
préparer à mourir dans peu. Cela fait
ſans que ſon éléve s'en fut apperçu,
il ſe remet doucement au lit, & fait
du bruit pour le réveiller, feignant
cependant de dormir profondément.
L'autre ſe dreſſe ſur ſon lit & écoute
attentivement pour découvrir d'où
peut venir ce bruit, mais il n'entend
rien ſinon les ronflemens ſimulés de
ſon Gouverneur. Jettant par hazard
les yeux du côté du pied de ſon lit,
il apperçut ces lettres luiſantes &
tracées par un flamme bleue ; tranſi
de frayeur il réveille ſon Gouverneur, & il lui montre cette écriture ;
l'autre augmente ſa crainte en feignant & proteſtant qu'il ne voyoit

rien. On appelle les Domestiques, qui ne savoient rien de la chose, & on leur dit d'apporter de la lumiere, dès qu'elle eût paru les lettres s'évanouissent, & les Domestiques assurent qu'ils nē voyent non plus rien ; nouveau sujet d'étonnement pour notre jeune homme qui ne comprend pas comment ces caractères ont pu disparoître si promptement. Les Domestiques se retirent, la chandelle allumée éclaire la parois, le Gouverneur s'assied à côté de son timide Disciple, il exhorte à se rendormir, en tâchant de lui persuader que ce qui l'avoit frapé n'étoit qu'un réve ; enfin il rentre au lit, & éteint la chandelle ; mais d'abord les regards du jeune homme tombent sur l'endroit fatal, il y apperçoit encore les mêmes lettres ; il pousse un cri, & appelle de nouveau son Gouverneur, qui pour cette fois feignit d'avoir peur, & lui dit, qu'il lisoit aussi la même chose ; & là-dessus il se saisit de l'occasion, il l'exhorta à se rendre à un tel miracle, & à changer de vie ; & ayant fait rapporter de la lumiere, il alla dans une autre chambre où il

paſſa le reſte de la nuit avec ſon éléve , que l'inquietude tint éveillé ; par
ce moyen il réuſſit à le retirer de ſes
débauches , & à le ramener au bon
chemin. Si cette hiſtoire eſt vraye,
comme on me l'a aſſuré plus d'une
fois , elle nous fournit un exemple
de Magie naturelle , dont on eſt redevable à la Chymie ; ou ſi ce n'eſt
qu'un conte fait à plaiſir, on ne ſau-
roit cependant nier qu'on ne puiſſe ,
quand on voudra , faire une telle
choſe avec du phoſphore , ſi au moins
l'on a quelque connoiſſance de notre
art. Diminuez la force du phoſphore
en le délayant ſuivant une certaine
méthode dans de d'huile douce ,
juſqu'à ce que vous puiſſiez le ſupporter ſur votre peau ſans vous brûler ; ſi alors vous vous frottez le viſage avec cette huile , il paroîtra tout
en feu dans un endroit obſcur , ce
qui formera un terrible ſpeƐtacle ,
mais qui diſparoîtra à la lumiere , &
qui reviendra dès qu'on rétablira
l'obſcurité. Il eſt difficile de rien voir
de plus étonnant : le viſage , les
mains , les cheveux , la barbe d'un
homme ainſi frotté , offrent , dans

un lieu ténébreux, à la vue de ceux
pour qui ce spectacle est nouveau,
je ne sais quoi de céleste, d'angeli-
que, ou de divin ; & en usant d'un
tel expédient il seroit aisé d'engager
le peuple, naturellement crédule, à
croire & à faire tout ce qu'on vou-
droit. Qu'il me soit permis de parler
d'une autre chose, dont bien des
gens ont souvent été témoins oculai-
res ; je veux dire l'effet surprenant
qui résulte du mélange de deux liqueurs très-froides ; au moment
qu'elles se mêlent on les voit bouil-
lonner avec furie, & il en sort en
même tems une très-belle flamme :
quand cela se fait en plein jour les
spectateurs ne peuvent s'empêcher
d'être effrayés par la fumée noire &
épaisse qui s'éléve, & par l'éclat de
la flamme ; mais de nuit ce spectacle
est encore plus terrible, parce que la
flamme paroît plus éclatante au milieu des ténébres. Que l'on compare
cette expérience surprenante avec
tout ce qu'on lit dans l'histoire sur
les Spectres Magiques, je ne crois
pas qu'on en trouve aucun qui lui
soit comparable. Et remarquez que

c'eſt là l'effet de deux dragmes de l'une de ces liqueurs, & d'une dragme de l'autre : mais qu'arriveroit-il ſi l'on mêloit quelques livres ? Il en ſortiroit une quantité prodigieuſe de fumée & de flamme, que rien ne pourroit arrêter, qui feroit ſauter tous les obſtacles qu'elle trouveroit en ſon chemin, qui conſumeroit tout ce qui l'environneroit par un feu qu'on ne pourroit pas éteindre, & qui tueroit ſur le champ toutes les perſonnes qui ſeroient dans le voiſinage ; & ce qu'il y a ici de plus merveilleux, c'eſt que ſi l'on fait ce mêlange dans le vuide de Boyle, l'effet en eſt plus violent ; dans un inſtant il met tout en piéces, & la flamme vole de tout côté avec une impétuoſité plus grande que celle d'aucun tourbillon. La force d'une telle flamme feroit bien ſupérieure à celle que Médée excita autour de la tête de Creuſa : car ſa violence auroit fait ſauter & réduir en cendres toute la Cour de cette Princeſſe. Quelqu'un a-t'il jamais entendu dire ou lu que la Magie ait produit quelque choſe d'auſſi terrible & d'auſſi ſurprenant

que l'effet d'un baume de fouffre té-
rebenthiné. Ce baume renfermé dans
un récipient de verre, & mis en
mouvement par un feu violent, fit
fauter le récipient avec un tel bruit,
& produifit divers effets fi finguliers, que je ne me reffouviens pas
que le tonnerre ou la foudre, ayent
jamais rien opéré de femblables,
quoique j'aye lu très - fouvent avec
admiration le détail de tous leurs
effets extraordinaires. Il faut voir ce
que dit à cette occafion le célébre
Frédéric Hoffmann, dans fes *Obfervations Phyfico-Chymiques*. L. III.
Obfervat. 15. On y trouvera des
chofes qu'on n'auroit jamais cru pouvoir être faites par aucun agent naturel. On y lira des effets auffi éton-
nans de l'efprit de vin, qu'un Ton-
nelier mit avec du fouffre allumé dans
un fort tonneau, & qu'il boucha fur
le champ très-exactement ; la force
de l'efprit fut telle qu'elle fit fauter
le tonneau en piéces, & occafion-
na plufieurs accidens qui paroiffent
incroyables. Enfin lorfqu'un Chymifte adroit produit, réduit, détruit,
reproduit, change en un moment de

tems, des couleurs de toutes efpeces contenues dans des verres tranfpa- rens; ceux qui voient pour la pre- miere fois un pareil fpectacle, & qui n'en ont jamais entendu parler aupa- ravant, le trouvent furnaturel, & fu- périeur prefque à tout ce que la Ma- gie peut opérer. Mais je n'aurois ja- mais fait fi je voulois rapporter les exemples de cette efpece; en voilà affez pour prouver ce que j'ai avan- ce; c'eft que la Chymie eft très-utile, & fort efficace dans la Magie natu- relle. Je finirai en faifant quelques remarques fur ce fujet.

L'Etre fuprême a créé les hommes de telle façon que quand ils font for- tis de l'enfance, furtout s'ils jouiffent d'une bonne fanté, ils peuvent ap- percevoir les changemens & certai- nes propriétés des corps, pofés hors d'eux, parce que ces corps caufent quelques changement dans leurs or- ganes, & excitent par là des idées dans leur ame: le fait eft hors de doute, quoiqu'on ne fçache pas comment il s'opere. Or dès que cela nous arrive, dans quelque cir- conftance extraordinaire, pour la premiere fois, nous en fommes fi affectés & fi frappés d'admiration, que nous oublions toute autre chofe; & fouvent nous éprouvons un plaifir incomparable, mais quelquefois auffi nos fens en font tout-à-fait troublés. L'illuftre Boyle nous rapporte l'Hiftoire d'un homme qu'une taye qu'il avoit fur les yeux, avoit rendu tout-à-fait aveugle dès fon enfance; un habile Opérateur ayant réuffi à la lui faire lever, lui rendit en un moment la faculté de voir. Qu'arriva-t'il de-là? C'eft que cet homme voyant pour la premiere fois, éprouva un plaifir fi vif, fon ame fut fi fort pénétrée & émue par la joie, & fes nerfs tellement affectés, qu'il s'en fallut peu qu'il ne tombât en défaillance. On fut obligé de lui mettre promptement un voile devant les yeux, & de ne lui laiffer voir la lumiere que peu à peu, pour l'accoutumer infenfiblement à en foutenir l'effet, qui étoit quelque chofe de tout-à-fait nouveau pour lui; par-là on vint à bout d'empêcher qu'elle ne l'affectât dans la fuite comme la premiere fois, & ainfi il parvint à en soutenir l'impreſſion ſans aucune alteration. C'eſt pour cette même raiſon que l'Auteur de la nature a ſagement pourvu à ce que l'humeur aqueuſe dans les yeux des enfans qui viennent au monde, fut trouble & en quelque façon opaque : & ce n'eſt qu'inſenſiblement qu'elle s'éclaircit. C'eſt encore pour le même but que cet Etre ſuprême a fermé l'ouverture extérieur de leur conduit auditif d'une eſpéce de membrane calleuſe, & qu'il a fait que ce conduit n'a pas d'abord toute la longueur, toute la courbure qu'il a dans les adultes, & qui augmente beaucoup la force du ſon ; il a empêché par-là que les enfans nouvellement nés ne fuſſent incommodés du bruit qu'ils entendent pour la premiere fois. Mais dans la ſuite, à meſure qu'ils deviennent capables de ſupporter un plus grand bruit, cette épaiſſe couverture ſe détache & le conduit s'allonge. Et ici, il eſt bon de remarquer avec quelle imprudence on en agit envers les enfans des Princes & des Rois, dès qu'ils ſont nés ; on permet qu'on les expoſe à la

lumiere d'un infinité de chandelles
allumées, & qu'on tire force coups
de canon à peu de diſtance d'eux.
Ceux donc qui ſont appellés à
prendre ſoin de la ſanté des perſonnes de ce rang, doivent empêcher qu'on n'expoſe leurs enfans à de pareils dangers, par des
démonſtrations de joie auſſi hors
de ſaiſon, ou du moins ils doivent
faire leurs efforts pour qu'on les
differe juſques à un tems plus favorable. Mais pour revenir à mon
ſujet: chacun ſait que nous ſommes
différemment affectés par les choſes
auſquelles nous ſommes accoutu-
més, & par celles qui ſont extra-
ordiaires pour nous; de-là vient que
trompés par la coutume, nous cro-
yons connoître la nature, & les cauſes des premieres, quoiqu'il n'en ſoit
rien; au-lieu que nous regardons preſque les dernieres comme miraculeu-
ſes, & que nous avons peine à nous
perſuader qu'elles aient une cauſe
naturelle. Ainſi nous ne faiſons aucune difficulté d'appeller naturelles
celles que nous voyons arriver tous
les jours, quoique leur cauſe ne nous

foit point connue ; & quant à celles
qui s'offrent à nous fous une face extraordinaire , auffi-tôt nous con-
cluons qu'elles font au-deffus du pouvoir de la Nature. Voilà pourquoi ,
dès que nous voyons quelques phénomènes Phyfiques , qui ne font pas
produits par ces propriétés des corps
qui nous font bien connues , & que
la Nature nous offre elle-même tous
les jours à découvert, mais qui font
des fuites de certaines propriétés cachées qui fe trouve dans un petit
nombre de corps, & que nous n'avons
pas encore découvertes , voilà pourquoi, dis-je, nous foupçonnons d'a-
bord qu'il y a de la magie. Le Général Comte de Furftemberg , en-
tra un jour par hazard dans une bou-
tique, où l'on étoit occupé à limer
du fer & du cuivre pour en faire
quèlqu'inftrument , & voyant les li-
mailles mêlées & confondues entre-
elles, il demanda en riant à Zwinger
qui étoit occupé dans ce moment à
cet ouvrage, pour combien il vou-
droit féparer parfaitement toutes les
particules de fer, d'avec celles de
cuivre. Votre Excellence en fera quit-

te pour peu de chofe, répondit celui-
ci ; je me contenterai d'une bouteille
de vin. Fort bien, dit le Comte, mettez donc les mains à l'œuvre. Auffi-
tôt dit, auffi-tôt fait. Zwinger va
prendre une pierre d'aiman, qu'il
approche de la limaille; fur le champ,
comme par une efpèce d'enchante-
ment, on vit fauter & accourir vers
cette pierre toute la limaille de fer, &
celle de cuivre refta feule. Le Comte
qui n'avoit jamais entendu parler
de la propriété de l'aiman, & qui
n'avoit rien vû de femblable, quoique bon Officier & brave Soldat s'é-
crie qu'il y a là-deffous de la magie.
Voyez *Zwenger. Theatr.* 239. Encore une derniere réflexion & je finis
fur cet article. Quand on eft témoin
de quelque changement extraordinaire qui arrive dans la figure des
corps & qui dépend de certaines vertus parriculieres qui font en eux, mais
que la Nature ne manifefte jamais
d'elle même, & qui ne fe découvrent
que quand ces corps ont été préparés
auparavant d'une façon particuliere,
foit par l'Art, foit par le hazard ;
alors on tient pour magique l'effet

qui en est une suite. C'est ce que je vaisencore rendre sensible par un seul exemple. Prenez du sel de nitre, qui est un corps très-froid, faites qu'il soit bien sec; mêlez-le avec la moitié moins d'huile de vitriol, aussi pure qu'il est possible; mettez ce mêlange dans une cornue, obligez-le par la force du feu à passer dans un récipient, qui doit être soigneusement séché; il y entrera réduit en vapeurs très-rouges, volatiles, ttès-acides, ignées, & qui vous donneront une liqueur que ni la Nature ni l'Art ne produisent par aucun autre moyen connu jusques à présent que par celui-ci, dont on dòit l'invention a Glauber. Choisissez encore les plus forts de ces végétaux aromatiques, qui croissent dans les pays chauds; faites les bouillir fortement avec de l'eau pure, dans un vaisseau couvert d'un alambic pour arrêter la vapeur qui s'en élève, & construit de façon qu'il la fasse passer par un serpentin d'étain, qui traverse un tonneau rempli d'eau froide; en se refroidissant dans ce passage, cette vapeur se condense & découle dans lerécipient

en

en forme d'eau chargée d'une huile que son poids fait descendre au fond & qui a parfaitement toutes les qualités de l'aromat du quel elle a été exprimée. Cette huile ne se produit non plus d'aucune autre façon. Voilà donc que vous avez deux liquides froids qui sont uniquement la production de l'Art : or à une partie de cette derniere huile, mêlez deux parties de cet esprit que je viens de décrire, dans un vase qui ne soit point agité, aussi-tôt il se fait une fermentation des plus vives, toute la masse s'enfle, elle s'agite violemment, & enfin il en sort une espèce de foudre, qui consume tout ce qu'elle touche. Vous avez en cela un phénoméne dont la cause est réellement dans ces liqueurs, mais de telle façon qu'elle ne se manifeste que quand on cherche à la rendre sensible, en suivant précisément la méthode que je viens d'indiquer. Ces trois opérations sont donc le seul moyen naturel par lequel on peut connoître la maniere d'exciter des mouvemens, & une flamme si extraordinaire. Ce qu'on doit conclure de là c'est que

Tome I.   L

les hommes font peu en état de déterminer au jufte les forces des corps en
quelque tems que ce foit ; car parmi
les productions cachées de la nature, il
peut toujours y en avoit quelques-
unes plus furprenantes que celles qui
font connues dans ce tems-là : ils arrive même fouvent que des chofes,
que perfonne n'ignoroit dans un fiécle, & qui n'ont point été confer-
vées par écrit, ont été tout-à-fait
perdues dans le fiécle fuivant ; fi l'on
vient à les retrouver dans la fuite,
on les regardera comme des décou-
tes auffi nouvelles qu'admirables.
Mais quittons ce fujet, nous n'aurions jamais fait fi nous voulions le
traiter avec toute l'exactitude qu'il
mérite.

Aux Cuifi-
niers.

    Un des Arts qui pourvoit le plus
efficacement aux befoins des hommes
eft celui des Cuifiniers, qui confifte à
conferver & à apprêter les alimens,
pour que nous puiffions en tirer commodément une nourriture agréable :
cet Art eft pour ceux qui fe portent
bien, ce que la médecine eft pour les
malades. Quoiqu'il foit très-ancien &
qu'il ait peut-être commencé avec

les hommes, il est cependant vrai
que la Chymie peut lui être d'un
grand secours. Cette liqueur acide,
par exemple, que l'on tire du sel
marin par le moyen du feu, délayée
avec une quantité d'eau suffisante,
conserve merveilleusement bien les
viandes, les poissons & les autres
alimens qui se pourrissent aisément,
elle empêche qu'ils ne se corrompent,
elle leur donne un goût très-agréable, elle les rend propres à être di-
gerés facilement, elle les préserve
contre les mauvais effets d'une chaleur excessive, & même elle guérit
les maladies qui en proviennent. Elle
est par conséquent d'une utilité infinie aux Mariniers, appellés à faire
des voyages de long cours, & dans
des pays où la chaleur du climat est
cause que leur eau & leurs poissons se
pourrissent, que leurs viandes deviennent puantes, & que leurs lards
rancissent. A cet égard on doit beaucoup à Jean Rodolph Glauber, qui
dans son traité *de Consolatione Na-*
vigationum, dans celui *de Prosperi-*
tate Germaniæ, & dans quelques autres, fait voir comment une person-

ne peut porter fans peine avec foi,
dans une petite bouteille , une liqueur, dont quelques gouttes peuvent lui être d'un ufage très - fa-
lutaire : il nous apprend comment
on peut faire avec du bled qui commence à fe corrompre , (c'eft ce
qu'on appelle Malt ou Drèche) par le
moyen de la folution , dépuration,
infpiffation , & en défendant l'entrée
à l'air , une liqueur dont une petite
quantité peut fervir de nourriture ,
& de quelque maniere avec un mélange de cette liqueur & de fleur de
farine de froment , on peut faire une
efpèce de bifcuit, qui fe confervera
très-long-tems fans fe gâter , & qui
fera très-nourriffant. L'Illuftre Boyle,
dans fon excellent Traité fur l'Ufage
de la Philofophie expérimentale,
nous rapporte quelques méthodes
fimples , & tirées principalement
de la Chymie , pour conferver aifément pendant très-long-tems , les
viandes, les poiffons, les œufs frais,
frits , ou bouillis. Et notre Art va
même plus loin , il nous apprend à
compofer certains affaifonnemens,
qui empêchent la pourriture, qui a

déja commencé de faire des progrès, & qui remédient au mal qu'elle a causé.

Le suc récent des raisins, des pommes, & presque de tous les fruits d'Eté qui sont bien murs, pressé, cuit & épaissi, se convertit en une masse durable, dont un morceau délayé dans de l'eau, est un mets qui conserve même au milieu de l'Hyver la douceur du fruit dont il a été exprimé ; & cela soit qu'il ait été préparé avec du sucre ou sans sucre.

Dans l'art de faire du vin.

Mais si l'on presse ce même suc lorsqu'il est parvenu à sa maturité, si on lui donne le tems de fermenter & de jetter son écume, & à la lie celui de s'affaisser, l'on a alors un bon vin ; & en tout cela l'on suit exactement les régles que prescrit la Chymie : cette science fournit aussi des expédiens pour remédier aux accidens qui peuvent survenir au vin pendant qu'il travaille, ou aux défauts qu'il peut contracter depuis qu'il est parvenu à son état de perfection. Si par exemple, il commence à fermenter de nouveau

L iij

lorfqu'il ne le faut pas, s'il a du penchant à s'aigrir, à fe troubler, ou
à devenir gras, la Chymie pourra y
remédier. Veut-on convertir du vin
en vinaigre? elle enfeignera comment
il faut s'y prendre. C'eft à elle auffi
qu'on eft redevable de l'Art de faire
du vin avec toutes fortes de fruits
charnus. Les raifins, les diverfes efpéces de cérifes, les grofeilles, les
grofeilles en grappe, l'épine-vinette,
les bayes de fureau, les poires, les
pommes, les prunes de plufieurs fortes différentes, tous ces fruits reçoivent par les mains d'un habile Chymifte la préparation qui leur eft néceffaire pour qu'on en puiffe tirer
une liqueur, qu'on peut aifément
avec quelques petits fecours rendre
auffi agréable que le vin ; elle en a
la force & elle eft de la même nature ; car toutes ces liqueurs ont ceci de commun, c'eft que diftillées
à un feu moderé, le premier liquide
qui s'en fépare eft chargé d'efprits,
qui brûlent au feu, & qui peuvent
fe délayer avec de l'eau. Ce liquide
bien purifié fuivant la méthode des
Chymiftes eft précifément le même

quel que foit celui des fruits, que je viens de nommer, dont il ait été tiré. La nation Angloife n'a pas fujet d'être fâchée de ce que les raifins ne peuvent pas acquérir dans fon païs le point de maturité néceffaire pour en faire du vin; la nature l'en a dédommagée en lui donnant en abondance des pommes, avec lefquelles on a l'Art de compofer un vin qui, foit pour l'odeur foit pour le gout, égale les vins les plus doux d'Italie, d'Efpagne & de France. Il eft rare auffi que les Hollandois puiffent faire un bon vin avec leurs raifins; mais ils ont le fecret d'en faire avec les grofeilles, les grofeilles en grappe & les bayes de fureau, qui n'eft gueres inférieur à celui des païs chauds. On peut encore tirer des herbes mêmes, macerées auparavant par l'ébullition, des efprits en moindre quantité, il eft vrai, mais cependant affez forts. Quand ces vins font dans leur état de perfection, on les conferve par la vapeur du fouffre & en même tems on les empêche par-là de fermenter de nouveau, & de s'évanter : or

L iv

c'eſt aux Chymiſtes que l'on eſt redevable de ce ſecret. Ce ſont eux auſſi qui nous ont appris à adoucir les vins qui ſont trop âpres, en y mêlant tant ſoit peu de ſel préparé avec de la lie de vin brûlée, & leur ôter leur aigreur en y mettant une certaine doſe d'yeux d'écreviſſes, ou un peu de craie. Ce ſont encore les Chymiſtes qui ont découvert que certaines gens avoient l'Art de préparer avec du plomb les vins piquants & cruds qui croiſſent aux environs du Rhin ; par-là ils leur donnoient un goût très-agréable, & qui les faiſoit rechercher ; mais par-là ils faiſoient auſſi que ceux qui en bûvoient ſe voyoient dans peu attaqués d'une paralyſie incurable : c'eſt avec raiſon qu'on a infligé les châtimens les plus rigoureux à ceux qui ſe rendoient coupables de cet empoiſonnement, dont le ſecret abominable n'a été que trop connu.

Dans l'art de braſſer la bierre. Iſis & Oſiris ont enſeigné aux habitans des païs où il ne croiſſoit point de vin, l'Art de faire de la bierre avec du grain ; on l'apppella vin de Céres, nom qui lui convenoit fort : c'est de cette boisson dont Tacite parle quand il dit que les Allemands se font du vin avec du bled corrompu. Or cet Art dépend si fort du nôtre, qu'ils ont pris naissance l'un & l'autre dans le même endroit, je veux dire en Egypte. Aussi Basile Valentin nous a-t'il expliqué toute la doctrine des secrets de l'Alchymie, dans la belle description qu'il nous a laissée de la maniere de faire la bierre, où il n'a rien obmis de tout ce qui a rapport à ce sujet. Au reste il n'est pas nécessaire de nous étendre ici davantage ; car comme le vin & la bierre different peu, il est aisé d'appliquer à cette derniere ce qui vient d'être dit sur l'utilité de la Chymie lorsqu'il s'agit de faire du vin.

Je crois en avoir assez dit pour prouver que tous ces Arts Mécaniques dont j'ai parlé jusqu'à présent, ou du moins les principaux d'entre eux, tirent beaucoup de secours de la Chymie. Ainsi je crois qu'on peut dire avec raison, que les Ouvriers qui pratiquent ces divers Arts les pousseront à un très-grand point de

perfection, si en même tems ils en-
tendoient la Chymie. Il y a donc
plusieurs fortes raisons, qui doivent
engager les hommes à joindre l'étude de cette science à celle de toutes
les autres, qui consistent à observer
ou à changer les corps ; & ils doivent s'y appliquer avec la résolution de noter soigneusement & de
bonne foi toutes leurs découvertes,
de les rédiger en ordre, & de les
publier ensuite ; ainsi le travail de
chacun concourant au même but,
les Arts nécessaires à la société se
perfectionneront de plus en plus.
Quant à moi j'ai fait à cet égard ce
que j'ai pu ; j'ai peu avancé, il est
vrai, mais cependant je me flate que
je serai en ceci de quelque utilité ;
mon exemple pourra inciter au travail, des personnes qui, joignant de
grands talens à une application soutenue, feront des découvertes plus
considérables.

Dans l'Al-
chymie.
　　Il ne me reste plus à présent qu'à
exposer, aussi briévement qu'il me
sera possible, les grands avantages
que l'Alchymie retire de la Chymie.
Je dirai sincerement ce que je pense

& ce que j'ai découvert à cet égard. Entre tous les Auteurs qui ont écrit sur la Physique, je n'en connois point qui ayent examiné plus à fond la nature des corps, & qui ayent expliqué plus clairement les changemens qu'ils font capables de produire, que ceux qu'on nomme Alchymistes. On ne doit pas soupçonner que c'est la prévention qui me fait tenir ce langage : j'en suis fort éloigné ; & afin qu'on m'en croye je demande qu'on lise attentivement les ouvrages des principaux & des véritables Alchymistes ; & entr'autres Raimond Lulle, dans son Traité sur les Expériences. Avec quelle clarté n'expose-t'il pas la nature des Animaux, des fossiles, des végétaux, & cela par des expériences simples, proposées sans détour, sans fard, sans fictions ? Où trouvera-t'on ces matieres physiques traitées de la même façon ? Les démonstrations, dit cet Auteur, que la résolution des corps faite par notre Art, offre à l'esprit & met sous les yeux, portent avec elles un dégré de conviction bien supérieur à celui de tous les argumens les plus forts, qui ne confiſtent que dans le ſimple raiſonnement : par elles nous faiſons ce que nous diſons, nous donnons des exemples de ce que nous enſeignons. Et c'eſt effectivement là ce qu'il a exécuté. Ainſi on peut dire que les Alchymiſtes ont tenté de faire de la Phyſique une ſcience telle que la ſouhaitoit l'illuſtre Chancelier Bacon, je veux dire une ſcience qui conſiſteroit à bien connoître & à expliquer aux autres ces forces par leſquelles les corps en action produiſent conſtamment des effets déterminés, & par conſéquent à ne donner point d'autres cauſes des Phénomènes que celles qui, poſées de nouveau, reproduiſent ces mêmes Phénomènes ; ainſi un Phyſicien n'avanceroit rien qu'i ne fût capable d'excuter quand bon lui ſembleroit. Les Alchymiſtes ſe mocquoient de ces prétendues cauſes ſubtiles & univerſelles, que les Scholaſtiques avoient répandues dans le monde ſavant ; ils les regardoient comme inutiles, parce qu'étant de pures ſpéculations, leur connoiſſance ne l es mettoit pas en état de

rien opérer en Physique. Voilà pourquoi ils repétent tant de fois dans
leur Physique, que l'art humain,
poussé au plus haut point de perfection, est absolument incapable de
produire sur les corps aucun effet qui
surpasse les forces que l'Etre supre-
me a placées dans ces mêmes corps:
qu'il y a quelques-unes de ces forces,
qui, nécessaires pour les besoins de
cette vie, se manifestent d'elles mêmes par tout, mais qu'il y en a d'autres cachées qui ne se découvrent
qu'à ceux qui, privilégiés d'un génie pénétrant, travaillent avec toute
l'application dont ils sont capables,
à les approfondir : que cependant
les unes & les autres sont également
naturelles. Ils assûrent par conséquent
qu'un homme, qui auroit toutes les
connoissances qu'on a eu dans les
siécles passés, & toutes celles qu'on
aura dans les siécles à venir, ne pourroit cependant pas, avec toute son
habileté, créer la moindre chose,
un grain de moutarde par exemple,
ou en former un avec quelque autre
matiere, qui seroit d'une nature dif-
férante. Mais que les gens sages, en

reçevant & en examinant les choses
créées telles qu'elles se présentent à
eux , & en faisant des expériences,
parviennent à découvrir suivant
quelle loi la nature agit & quelle méthode elle suit pour commencer, former & perfectionner chaque chose
en particulier , avec les attributs qui
la caractérisent. Et ici ils remarquent
que la principale de ces loix est , que
tous les Etres créés doivent leur naiss-
fance à d'autres de la même espéce
qui existoient auparavant ; qu'ainsi
les plantes naissent d'autres plantes,
les animaux d'autres animaux , & les
fossiles d'autres fossiles. Ils assûrent
cependant que toute la faculté géné-
ratrice est renfermée dans un principe séminal , qui donne la coction
nécessaire aux matieres crues qu'il
reçoit, & qui les change, les forme
à sa ressemblance, & insensiblement
les rend enfin parfaitement confor-
mes à leur original : mais il faut pour
que ce principe opére avec efficace,
qu'il y ait un mâle & une femelle qui
concourent à la génération , sans
quoi il ne s'en peut faire aucune.
La semence prolifique doit être re-

çue dans une matrice que la Nature
a deſtinée à cet uſage ; elle y eſt con-
ſervée, nourrie & entretenue par une
chaleur & des alimens convenables,
& cela juſqu'à ce que le nouveau fœtus ayant acquis toute la conſiſtence
requiſe, ſe faſſe voir ſemblable à celui
de qui il a reçu la naiſſance. Si contre
l'ordre de la nature quelques-unes de
ces choſes viennent à manquer, ou
à ſe déranger, il n'en réſulte point
ce qu'on attendoit, on n'a qu'un
avorton. De-là nos Alchymiſtes con-
cluent, que la création une fois finie,
il ne s'engendre rien de nouveau ;
mais que tout ce qui eſt produit depuis, doit ſon origine à un être de
la même nature, qui a la propriété
de conſerver ſon eſpece par le moyen
de ſa ſemence, & cela conformément
à des loix fixes : qu'ainſi il n'y a point
de fin à la multiplication de chaque
choſe créée ; mais qu'il faut que cette
multiplication ſe faſſe toujours par la
ſemence ; & que par conſéquent un
ſeul brin d'herbe pourroit couvrir
toute la ſurface de la terre, ſi l'on
avoit ſoin de ſemer toujours les grai-
nes qui en proviendroient, & de les

cultiver comme il faut. Ils ont remarqué de plus, qu'on trouve certains
corps, très simples pour l'ordinaire, en
qui l'on n'a découvert aucune vertu
prolifique, & qui par conséquent ne
sont susceptibles d'aucun accroisse-
ment, & ne penvent se multiplier
par la génération, mais qui servent
ou à mettre tous les autres corps en
mouvement, comme le feu ; ou qui
détrempent les alimens, & leur servent de véhicule, comme l'eau ; ou
qui donnent de la fermeté & de la
consistence aux corps composés,
comme la terre, quand elle est parfaitement pure. Une infinité d'expériences leur ayant appris que cette
multiplication avoit lieu dans toutes
les parties de ce monde, & que la nature suivoit par tout les mêmes loix,
ils n'ont pas cru qu'elle s'en écartât
dans la formation des fossiles. Ces
corps à la vérité sont si simples & si
homogènes dans toutes leurs parties,
qu'ils ne renferment aucune semence
organique & composée ; cependant
ils ont naturellement la faculté de
préparer, & de préparer une certaine matiere qui leur sert de nourriture

& qui augmente leur volume : par-là
ils peuvent toujours se multiplier. Les
Alchymistes ajoutent encore que les
esprits qu'on appelle esprits recteurs,
ne paroissent point dans les métaux
qui sont morts, mais quand on les
résoud, quand on les ouvre, & quand
on les revivifie, alors ces esprits se
manifestent, & produisent des effets
aussi prompts que merveilleux. Ils
prétendent de plus qu'il y a ici une
espece d'union prolifique; qu'il y a un
mâle qui féconde, & une femelle qui
est fécondée, que la vertu génitale
de l'un & de l'autre concourt à produire d'autres métaux vifs de la même espece. Ils nous expliquent aussi
de quelle façon on peut vivifier les
métaux, par quel feu il faut les dom-
ter, dans quelle proportion on
doit les mêler, & quel est l'aliment qui leur est nécessaire pour qu'ils
puissent toujours se multiplier. Enfin
ils nous assurent que les métaux, à
cause deleur grande simplicité, sont
les seuls corps qui puissent être formés en un moment par un fluide mer-
curiel très-pésant, & fixé par un
principe sulphureux, lorsque ces

deux chofes viennent à être intimément mêlées entr'elles par la force du
feu, & jointes au point de fe féparer jamais. Qu'ainfi le mercure eft la
mere des métaux, & que le foleil en
eft le pere. Que l'on peut par conféquent faire en un clin d'œil avec des
métaux bien vivifiés auparavant par
l'art, ce qui s'exécute dans le fein de
la terre à l'aide du feu fouterrain,
pendant une longue fuite d'années.
Ils avouent qu'à la vérité dans les
regnes animal & végétal, l'action
de la génération eft toujours limitée
à un certain tems, déterminé par la
nature : & auffi la chofe ne fauroit-
elle être autrement à caufe de la dé-
licateffe de la femence, de la multitude des parties qui concourent à fa
formation, & de fa ftructure qui eft
fi compofée ; ajoutez à cela que l'é-
tincelle de fon principe de vie, eft lo-
gée dans le centre du fouffre prolifique, ou fon embryon, qui eft fi pro-
digieufement petit, fe corromproit
aifément ; mais en même-tems ils
nous difent que la reffemblance des
parties eft telle dans les métaux purs,
l'or, l'argent, & dans leur mere, c'eft-

à-dire, dans le mercure, que chacune de leurs plus petites particules, eſt
préciſément de la même nature que
toute la maſſe ; qu'on peut démontrer
auſſi qu'elles ſont ſi fort immuables,
qu'aucun feu ne ſçauroit les détruire :
qu'ainſi leur vertu prolifique ſubſiſte
même dans le feu, qu'elle agit par
conſéquent avec toute la promptitu-
de poſſible, & qu'elle change en un
moment une matiere mercurielle convenable en un métal de ſon eſpece :
que c'eſt de ce principe que dépend
la procréation des métaux, & la
formation de la pierre philoſophale.
Si l'on eſt curieux de ſçavoir ce que
je penſe ſur cette derniere je le dirai
ingénument.

On préſenta un jour au ſage So-
crate un livre d'Héraclite, écrit d'un
ſtile très - profond & très - obſcur,
pour qu'il prit la peine de le parcourir : il le lut avec ſoin ; & comme on
lui demanda enſuite ce qu'il en pen-
ſoit ; je le trouve admirable, répondit ce grand homme, dans les endroits où je l'entend ; je crois qu'il
eſt le même dans les paſſages où je
ne le comprend pas ; mais il faudroit

que j'euſſe beaucoup plus de pénétration pour en découvrir le ſens. J'en puis dire autant des Alchymiſtes; par tout où je comprend leur penſée, je vois qu'ils décrivent très-naturellement la pure vérité, qu'ils ne me trompent point & qu'ils ne ſe trompent point eux-mêmes. Quand donc je parviens à ces endroits où je n'entend pas ce qu'ils veulent dire, pourquoi les accuſerois-je d'être dans l'erreur, eux qui ont donné des preuves d'une habilité dans leur art bien ſupérieure à la mienne, & qui m'ont appris un très - grand nombre de choſes dans les paſſages où ils ont trouvé à propos de s'expliquer clairement ? Ils déclarent eux mêmes quand il s'agit de reveler la ſouveraine perfection de l'art, qu'ils n'ont autre deſſein que d'aſſurer que l'art eſt véritable, afin d'exciter à ſa recherche ceux qui ont les talens néceſſaires pour cela ; qu'il ne leur eſt pas permis de rendre public un ſecret dont on pourroit abuſer d'une façon très-dommageable à la ſociété ; que tout ce qu'ils peuvent faire c'eſt de nous indiquer le chemin que la nature

nous dicte de suivre, & de prévenir
les erreurs où nous pourrions tomber. C'est pour cela que, dans ces
occasions, je m'en prends à mon
ignorance, plutôt que de les accuser
de vanité. Je ferai cependant la re-
remarque suivante avec leur permis-
sion. Quand je lis les secrets de ces
excellents Artistes, qui connois-
soient si bien les ouvrages de la nature, il m'arrive souvent de soupçonner qu'après que de justes observations leur ont fait faire des découvertes très-singulieres, prompts à en
prévoir les suites, ils nous ont ra-
conté comme faites de choses qui
n'existoient encore que dans leur
imagination, mais qu'ils concluoient
qu'on pouvoit faire, ou qu'ils auroient sûrement faites, s'ils avoient
poussé leurs opérations plus loin. Et
effectivement, Alexandre Suchthe-
nius, Auteur distingué dans l'Alchymie, Disciple de Paracelse & zélé
défenseur de sa doctrine, nous conduit à penser quelque chose de semblable ; après avoir fait plusieurs
épreuves, mais sans succès, il conclut, à la fin de l'un de ses traités

fur l'antimoine, que tous les Philofophes, dont il rapporte les principaux, font morts avant que d'avoir
pouſſé leurs ſpéculations juſqu'à leur
entiere perfection. Si cela eſt ainſi,
ce que je n'oſerois cependant pas
aſſurer, nous devrons pourtant reconnoître avec gratitude que noûs
leur ſommes redevables de pluſieurs
vérités phyſiques, que leur conſtance
à ſupporter les travaux les plus difficiles leur a fait découvrir. C'eſt avec
raiſon que le grand Bacon les compare à ce pere qui dit en mourant à
ſes enfans, dont il connoiſſoit les
diſpoſitions à la pareſſe, qu'il avoit
enfoui un tréſor dans ſon champ,
quoiqu'il n'en fût rien; après ſa mort
ſes enfans remuerent toute la terre
du champ dans l'eſpérance de trouver le tréſor, mais le ſuccès ne répondit pas à leur attente; cependant ils
furent amplement dédommagés de
leur travail par la fertilité de ce même champ qu'ils avoient labouré
avec tant de ſoin. Il y a long-tems
que je cherchois cette occaſion de
faire ces remarques ſur les connoiſſances des véritables Alchymiſtes en

en Phyſique, afin que ces habiles
Artiſtes ne ſoient pas condannés par
des gens incapables de juger de leur
ſavoir. Enfin je viens aux belles pro-
meſſes qu'ils nous font ; en voici les
principales.

La préparation de la Pierre Philoſophale ; une petite portion de cette Pierre jettée dans des métaux fondus, convertiroit tout ce qu'il ont de
pur mercure en un or affiné, plus
pur & meilleur que celui qu'on tire
des mines, ou que celui que les Eſſayeurs peuvent préparer : elle brû-
leroit & diſſiperoit en un moment
tout ce que ces métaux contiennent
de matiere différente du mercure métallique. Cette pierre, diſent ils encore, ſeroit du même poids que l'or,
fragile comme du verte, d'une couleur rouge très-foncée, & elle ſe
fondroit au feu comme la cire.

La préparation d'une autre pierre
de même nature, qui convertiroit
tous les métaux, excepté l'or & l'argent, en un argent très pur.

La perfection de la Pierre Philoſophale, au point que jettée dans de
l'or fondu, elle le convertiroit tout

entier en Pierre Philofophale.

La perfection de cette même pierre pouffée plus loin encore, & à un
tel dégré qu’elle opéroit le même
changement fur le mercure pur.

L’art de préparer un corps qui
auroit une fi grande efficace, qu’appliqué & mêlé avec une chofe, prife
indifferemment dans l’un des trois
Régnes animal, végétal ou foffile,
la rendroit la plus parfaite de fon
efpéce, en ce qu’il étendroit & augmenteroit fes forces naturelles & in-
hérentes. Ainfi ce feroit pour le corps
humain une médecine univerfelle, qui
changeroit tellement fes parties folides, & fes humeurs, qu’il devien-
droit parfaitement fain, & perfevé-
reroit dans cet état, jufqu’à ce qu’u-
fé, confumé & abbatu à la longue,
par les actions néceffaires de la vie
même, il mourroit tranquillement &
fans effort. La même chofe arrive-
roit dans tout autre animal vivant,
& même dans les plantes : fi ce corps
pouvoit s’infinuer dans leurs racines, il augmenteroit confiderable-
ment leur beauté & leur fécondité.
C’eft pour cela qu’ils ont donné à
cette

cette belle production de leur imagination le nom de *Ferment univerfel*.

L'art de faire des pierres précieufes artificielles, tout-à-fait femblables aux foffiles.

Le fecret de convertir en peu de
tems les métaux vils & imparfaits,
en or, par le moyen d'une coction
continuée, & de la purification, en
quoi la nature a manqué. Car ils
croyent qu'elle travaille toujours dans
les mines à faire de l'or avec le mercure à l'aide du feu, & en le purifiant
& le filtrant à travers des corps den-
fes; que c'eft là la plus grande perfection à laquelle elle tâche d'atteindre. Que fi elle eft empêchée dans fes
opérations ou par le défaut de feu,
ou parce que les paffages par lefquels
elle fait filtrer le mercure font trop
larges, ou parce qu'il s'y mêle quelque
corps héterogène, alors il en naît un
métal cru, qui n'eft pas parfaitement
homogène, & qui par conféquent eft
altérable par le feu: c'eft ainfi, di-
fent-ils, que fe forment tous les
autres métaux, excepté l'or, l'ar-

Tome I. M

gent & le mercure. Ce qui n'empêche pas que ces métaux ne puissent
être perfectionnés par l'art, au point
que de devenir de l'or & de l'argent.
Cependant ce dernier sentiment n'a
pas été celui de tous les Alchymistes ; il n'a été suivi que par quelques
uns. Et pour dire vrai, le plomb, l'é-
tain, le cuivre & le fer semblent être
des corps aussi parfaits en leur genre
que l'or l'est dans le sien. Ils ont tous
une nature déterminée & qui est toujours la même : & peut être que le cuivre pat lui-même, est autant ou plus
propre à divers usages physiques, &
à servir à différens besoins de la vie,
que l'argent, ou l'or, quoiqu'il soit
moins simple, & par-là même plus
altérable. Ainsi il n'est pas fort vrai-
semblable que ce métal, par la con-
tinuation de la coction souterraine,
& par la séparation de ce qu'il renferme d'hetérogène, puisse devenir
de l'or, ou quelqu'autre chose que du
cuivre très-parfait : ce qui est aussi vrai
des autres métaux. J'avoue que quand
on tient longtems dans le feu ces métaux, qu'on appelle vils, on en tire

quelque peu d'or ; mais on ne fait pas
encore fûrement fi cet or fe produit
réellement parce que ces métaux parviennent à une plus grande perfection, ou s'il n'en eft que féparé par
la force du feu. Et d'ailleurs je ne
comprends pas aifément comment il
peu fe faire que le plomb, qui approche le plus de l'or par fon poids,
foit cependant d'une nature qui en
différe plus que celle de l'argent.
Tous les adeptes ne s'accordent-ils
pas à dire qu'une démonftration tirée
du poids, a ici plus de force qu'aucune démonftration mathématique?
Mais il eft tems de mettre fin à cette
differtation, qui n'eft peut-être déja
que trop longue. Remarquons feulement encore que nous ne devons
pas penfer à déterminer jufqu'où les
forces de la nature s'étendent. On
regarde fouvent comme impoffibles
certaines chofes, uniquement parce
que des gens ignorans n'en ont
aucune connoiffance. Les Anciens
Philofophes ont fait quelque mention d'un feu éternel, folide, &
qui fubfiftoit même dans l'eau ; on

s'en eſt mocqué, & l'on n'a fait aucun cas de tout ce qu'ils ont dit là-
deſſus. Mais depuis que ce feu a été
découvert par Craft, depuis que
Kunkel l'a perfectionné, que Boyle
l'a décrit, que Nieuwentit en a donné une deſcription encore plus claire,
& depuis enfin que Hoffmann l'a fait
connoître parfaitement, la poſſibilité
de la choſe a été prouvée par des
effets. On a cru pendant long-tems
que les foudres & les tonnerres artificiels de Roger Bacon, n'étoient que
des fictions & des tromperies ; mais
le moine Schwartz n'a que trop fait
voir que ces productions étoit très-
poſſibles. Enfin toutes les autres choſes
que j'ai rapportées en parlant de la
magie naturelle, paroîtroient beaucoup moins croyables à des gens qui
ne ſont pas familiariſés avec les expériences, que la transformation du
plomb en or, quant à ſa partie mercurielle, & après qu'on a détruit ſa
premiere forme. Il y a des inconvé-
niens à être trop crédule ; on s'en eſt
mal trouvé d'avoir porté le doute
trop loin : ainſi un homme doit tout

éprouver, s'en tenir à ce que l'expérience lui démontre & ne jamais limiter la puissance de Dieu, ni des Etres qu'il a créés.

Avant que de passer à un autre sujet je ne dois pas omettre l'appareil que les plus fameux Maîtres de l'Art disent leur être nécessaire, pour perfectionner le secret du grand œuvre. Tous s'accordent d'abord en ceci, c'est qu'il leur faut de l'or, du mercure & du feu; & ensuite du plomb, du fer, de l'antimoine, du nitre, & des esprits de nitre: il leur faut encore un creuset, un mortier de verre avec son pilon, une cornue aussi de verre avec son récipient, de l'eau pure, un petit fourneau, un soufflet, du papier à filtrer, un œuf de verrre ou matras, & un athanor. Si l'on calcule la valeur de toutes ces choses, la somme ne passera pas les deux cens florins, monnoye de Hollande; mais on n'y comprend pas la valeur du travail.

Des Instrumens qu'employent les Chymistes.

'Après avoir fait connoître les corps qui font l'objet de la Chymie & le but qu'elle fe propofe principalement dans les changemens qu'elle opére en eux, on attend de moi, fans doute, que j'explique les moyens par lefquels elle en vient à bout. C'eft ce que je vais faire ; & pour cela il faudra que je commence par les inftrumens dont elle fe fert ; car chaque Art en a qui lui font particuliers & fans lefquels on ne peut rien éxécuter. Si quelqu'un me demande ce qui conftitue l'amertume de l'abfinthe, & qu'il exige de moi que je le fépare de toutes les autres parties de cette Plante ; afin d'être en état de le fatisfaire, je dois favoir que l'eau nette & prefque bouillante en tire parfaitement ce principe d'amertume, qu'il faut pour cela en verfer deffus la Plante, la laiffer pendant quelque tems en digeftion, la féparer quand elle eft bien chargée, en verfer de la nouvelle, & réiterer cette manœuvre jufqu’à ce que la dernière eau refte infipide comme auparavant. Cela fait, la plante fera entiérement privée de toute fon amertume, qui fera paffée dans l’eau. Dans cet exemple on voit clairement que l’eau & le feu font les Inftrumens dont je me fuis fervi. Car dans quelque Art que ce foit, où l’on fe propofe de changer des corps, on appelle inftrument celui à qui l’on peut imprimer, ou auquel on a déja imprimé un mouvement capable de produire le changement qu’on a en vue. Et c’eft ainfi que dans notre Art nous avons des Inftrumens propres, par lefquels nous exécutons ce que nous defirons de faire. Nous les rapportons ordinairement à fix, fuivant en cela les Chymiftes les plus experts. Ces Inftrumens font le feu, l’eau, l’air, la terre, les diffolvans que les Artiftes appellent menftrues, un Laboratoire avec tous fes uftenfiles; Inftrumens qu’un Chymifte doit bien connoître, afin d’entendre comme il faut les opérations qu’il exécute par leur moyen. Je traiterai donc de chacun de ces Inſtrumens le plus briévement qu'il me ſera poſſible, & cela ſuivant l'ordre dans lequel je viens de les rapporter. Je commencerai par le feu, ſans lequel aucune Opération Chymique ne s'eſt faite ou ne pourra ſe faire: ce qu'on ne peut pas dire auſſi généralement des autres inſtru-mens.

F I N.

TABLE

RAISONNÉE DES MATIERES

Contenues dans le premier Volume.

A

Académie Royale des Sciences, page 188.
Son Histoire & ses Mémoires renferment
un grand nombre d'Expériences Chymiques. *Tome I* Expériences de l'augmentation du poids de certaines matieres par la calcination. Expérience
d'un sel doux tiré de matieres fort âcres.
Le sel marin contient des principes d'acide. Il y a dans la mer deux sels différens. Certaines matieres dépouillées de
leurs sels, en reprennent de nouveaux
exposées à l'air. Explication des pétrifications d'eaux. Analyse de plusieurs eaux
minérales Observations sur la chaux.
Expérience pour dessaler l'eau de la mer.
Sur la coagulation. Eaux minérales. Différens moyens employés pour l'analyse
des plantes. Tete-morte tirée après vingt-
six distillations. Analyse de plusieurs especes de terre. Extraits des chairs bouillies. Réflexions sur les analyses des plantes. Analyse des excrémens des animaux.
Le phosphore d'Angleterre. Expérience
par laquelle on s'assure combien il falloit
meler de sel volatil avec l'esprit de sel
pour produire une effervescence. Examen des eaux de Versailles. Sur l'augmentation du poids de la limaille. Résul-

nus dans les efprits acides. Sur la maniere de reconnoître le fublimé corrofif
fophiftiqué. Examen d'eaux minérales
pour examiner le fel des plantes.

1700.

Sur la force de l'alkali terreux. Analyfe
de l'ipécacuanha. Comparaifon des analyfes de la foye, du fel ammoniac & de la
corne de cerf. Sur les diffolutions & les
fermentations froides. Sur l'eau de chaux.
Des diffolvans & des diffolutions de mercure. Sur les huiles des plantes. Sur l'acide
de l'antimoine. Analyfe d'une eau pétri-
fiante. Soufre des eaux d'Aix-la-Chapel-
le. Sur les eaux de Bourbonne & de Plombieres. Obfervations fur la quantité d'a-
cides abforbés par les alkalis terreux.

1701.

Analyfes de la coloquinte, du jalap, de
la gomme-gutte & de l'ellebore noir.
Sur les eaux de Paffy. Sur les fermentations. Sur les analyfes des plantes. Sur
les fels volatils des plantes. Analyfe du
creffon aquatique. Diffolution d'or. Sur le
rafinage de l'argent. Glace artificielle.

1702.

Expériences faites à un miroir ardent con-
vexe. Analyfe de plantes fermentées. Sur
le fel volatil des animaux & des plantes. Sur les eaux de Vichi, de Bourbon

tation du fer; sur l'hydromel urineux; sur les huiles essentielles des plantes, & particuliérement sur les différentes couleurs qu'elles prennent par les différens mélanges; sur les différens vitriols, & particuliérement sur l'encre faite avec du vitriol; sur la nature du fer & des autres métaux. Analise de l'urine de vache, des eaux de Vichi & de Bourbon.

1708.

Sur la cire, l'aloës, la manne, plusieurs eaux minérales de France, la nature du fer. Huile d'olive mise en digestion sur du mercure coagulé. Analyse du corail & de quelques plantes pierreuses. Éclaircissemens sur la nature des acides & des alkalis.

1709.

Sur le sublimé corrosif, les métaux imparfaits exposés au verre brûlant, le cachou, l'analyse des cloportes, les acides minéraux & végétaux. Sur le mercure.

1710.

Sur la rhubarbe, la lacque, les soufres des végétaux & des minéraux, l'analyse des plantes marines, & principalement du corail rouge; sur un nouveau phosphore; sur les végétaux artificielles.

1711.

Sur le méchoacan, les précipitations, le

N iij

corail. Sur un nouveaux fébrifuge. Sur la matiere fécale.

1712.

Sur un nouveau phosphore, la bryone, les couleurs des précipités de mercure, les acides du sang & des autres parties des animaux. Maniere de copier sur le verre coloré les pierres gravées.

1713.

Sur l'usage du fer en Médecine. Sur les teintures des métaux. Sur plusieurs eaux minérales de France. De l'action des sels sur différentes matieres inflammables. Sur le Quinquina. Sur le vitriol & le fer. Sur des matieres qui pénétrent des métaux sans les fondre. Analyse du laurier cerise. Sur la fumée de l'esprit de nitre & le bismuth.

1714.

Sur l'agaric. Sur la volatilisation des sels fixes des plantes. Sur les couleurs des précipités de mercure. Sur les fleurs & les feuilles tendres de pêcher. Sur l'esprit de sel qui fermente avec celui de nitre ; un esprit de soufre concentré qui fermente avec l'eau. Sur la formation d'une tempête. Expériences sur la diversité des matieres qui sont propres à faire un phosphore avec l'alun.

1715.

Sur l'huile de petrole. Sur un nouveau phosphore.

qu'on appelle Eau mere de salpêtre.

1721.

Sur la volatilité des sels urineux. Sur les huiles essentielles des plantes. Sur les analyses ordinaires des plantes & des animaux.

1722.

Sur les végétations chymiques. Sur les supercheries de la pierre philosophale.

1723.

Sur un verd de gris naturel. Sur le sel ammoniac.

1724.

Sur le sel de chaux. Sur le verre des bouteilles. Sur la dissolution des sels dans l'eau. Sur la chaleur des eaux de Bourbonne. Sur la chaleur des eaux de Passy. Sur un sel carthatique d'Espagne. Sur une pierre de Berne qui est une espece de phosphore. Observation sur la dissolution successive de plusieurs sels dans l'eau commune.

1725.

Sur l'art de faire le fer blanc. Sur le bleu de Prusse. Observations sur un métal qui résulte de l'alliage du cuivre & du zinc.

1726.

Sur l'inflammation de certaines liqueurs

huileuſes ou ſulphureuſes par les acides.
Sur les eaux de Paſſy Le fer eſt de tous
les métaux celui qui ſe moule plus parfaitement.

1727.

Sur le verre des bouteilles, ou ſur la diſſolution de pluſieurs verres. Sur le froid
qui réſulte ordinairement du mêlange
des huiles eſſentielles avec l'eſprit de vin.
Sur un ſel naturel de Dauphiné. Sur l'or.
Végétation de l'argent & des autres métaux. Sur la potaſſe. Sur les précipitations
des ſels. Sur la porcelaine.

1728.

Sur les huiles eſſentielles des plantes. Sur
les différens vitriols & ſur l'alun. Sur un
nouveau phoſphore. Sur la diſſolution de
la crême de tartre. Sur la teinture & la
diſſolution de pluſieurs eſpeces de pierres. Sur le borax. Sur la formation des
ſels lixiviels.

1729.

Sur le vinaigre concentré par la gelée.
Sur la précipitation du ſel marin dans la
fabrique du ſalpêtre. Sur les eaux minérales chaudes de Bourbon l'Archambaut.
Sur le borax.

1730.

Sur les bouillons de viande. Sur un grand
nombre de phoſphores nouveaux. Sur le
nouveau phoſphore. Sur le ſel lixiviel de

1736.

Sur une nouvelle encre sympatique. Sur le mélange de quelques couleurs dans la teinture. Sur le phosphore de Kunkel & l'analyse de l'urine.

1737.

Sur les vitriols & sur l'alun. Sur la base de sel marin. Sur l'antimoine & sur un nouveau phosphore étonnant. Maniere de purifier le plomb & l'argent, quand ils se trouvent alliés avec l'étain.

1738.

Sur le Sel de Glauber trouvé dans le vitriol. Maniere de préparer les extraits de certaines plantes.

1739.

Sur le remede Anglois pour la pierre. Sur du cuivre. Sur un amidon fait de pommes de terre & de trufes. Sur la liqueur éthérée de M. Frobenius. L'art de faire une nouvelle porcelaine.

1740.

Sur une nouvelle espece de porcelaine. Sur les teintures des étoffes. Examen des remedes de Mademoiselle Stephens pour la pierre. Examen du sel de Péquet. Sur

1745.

Sur la crystallisation du sel marin. Sur la cause de la différente dissolubilité des huiles dans l'esprit de vin. Sur le sel de la chaux. Sur une préparation de verre d'antimoine, spécifique pour la dyssenterie. Sur la maniere d'appliquer des bas reliefs en or, sur l'or & sur l'argent. Sur la glace inflammable.

1746.

Sur les eaux savoneuses de Plombieres. Sur l'arsenic. Sur la fermentation artificielle du silex, & sur quelque propriété de la chaux vive.

1747.

Sur l'inflammation des huiles par l'esprit de nitre. Sur la chaux & le plâtre. Sur les eaux minérales de Barrège. Sur la nécessité de perfectionner la métallurgie des forges.

1748.

Sur l'arsenic. Sur la pierre de grisele calcinée. Sur les salines.

Tome premier.

Mémoires présentés à l'Académie. Réfléxions sur une propriété singuliere qu'a le sel de tartre de précipiter tous les sels

neutres fur lefquels il n'a point d'action.
Expériences pour fervir à l'analyfe du
borax. Sur le bleu de Pruffe.

qu'elles exiſtoient auparavant dans les corps mêmes, 171. Et lorſqu'en réuniſ-ſant les parties qu'on a tirées des corps par ce moyen, elles reproduiſent le même compoſé, c'eſt une preuve que cette ana-lyſe ne les a point altérées, 154.

Anaſtaſe le Sinaïte, ce qu'il dit des Chymiſ-tes, 15.

Anatomie (l') ne ſuffit pas pour perfectionner la partie phyſiologique de la Médecine, 176, 177.

Anciens. Ils ont à la vérité recueilli avec une exactitude & des peines preſqu'incroya-bles, les ſignes des maladies ; mais ſi l'on veut bien comprendre ce que ſignifie cha-que ſigne, on n'en peut venir à bout ſans la Chymie, 179, 180.

Argent, ſon caractere 59. C'eſt le métal le plus peſant après l'or, il eſt fort ſimple, 73, 74. Fixe dans le feu, malléable & très-ductile, diſſoluble ſeulement par l'eau forte, 74 endroits où il ſe trouve, & ma-tieres avec leſquelles il eſt mêlé, 74, 75.

Argile, eſpece de terre. *Voyez* terre.

Argonautes. C'eſt ainſi qu'on nomme les Princes Grecs, qui s'aſſemblerent avec Jaſon pour la conquête de la Toiſon d'Or, 13.

Ariſtote, un des plus grands Philoſophes Grecs, 13.

Arnauld de Ville-Neuve, Auteur qui vivoit dans le treiziéme ſiécle, ſes ouvrages en Chymie 27, 28.

Aroph, ou *Aromate* des Philoſophes, nom qu'on donne à la pierre hématite, 115.

Arſenic, ce que c'eſt que le moderne blanc

B

D

E

G

P

Q

R

S

V

VAlentin (Basile). Sa vie, 30, & suiv. Ses ouvrages, 52, 53.

Vautour, symbole de Vulcain, 10.

Végétaux, objets de la Chymie, 116. Ce que c'est, 116, & suiv. Quelles mesure on doit prendre dans leur analyse, 130, 131. voyez *Plante*.

Verheyen, cité dans les Réflexions.

Verre flexible; ce secret déplut à Tibere, 14.

Vif-argent, son signe & ce que les Adeptes en disent, 59, 60. Ses caracteres, 69, & suiv.

Vieussens, cité dans les Réflexions.

Vitriol, & les différentes especes, 102, & suiv. Ce qui leur sert de base, 111, 112.

W

Wilson, cité dans les Réflexions.

Z

ZInc, ou Zain, ce que c'est 114.

Zoophite, substance qui tient de la nature de l'animal & du minéral, pourquoi, 135.

Zoroastre, Philosophe Persan, très-versé dans la connoissance des Astres, 216.

Zosime de Panopolis, ses œuvres n'ont pas été publiées, 1. Titres de ses Ouvrages, 16, 17.

Zwelfer, cité dans les Réflexions.

Fin de la Table des Matieres contenues dans le premier Volume.